普通高等院校测绘课程系列规划教材

空间数据库实验指导教程

主编 陈鲁皖 王卫红

西南交通大学出版社
·成 都·

图书在版编目（CIP）数据

空间数据库实验指导教程 / 陈鲁皖，王卫红主编.
—成都：西南交通大学出版社，2014.8
普通高等院校测绘课程系列规划教材
ISBN 978-7-5643-3278-5

Ⅰ. ①空… Ⅱ. ①陈… ②王… Ⅲ. ①空间信息系统－高等学校－教材 Ⅳ. ①P208

中国版本图书馆 CIP 数据核字（2014）第 182782 号

普通高等院校测绘课程系列规划教材
空间数据库实验指导教程
主编 陈鲁皖 王卫红

责任编辑	李芳芳
助理编辑	罗在伟
特邀编辑	李 伟
封面设计	何东琳设计工作室
出版发行	西南交通大学出版社
	（四川省成都市金牛区交大路 146 号）
发行部电话	028-87600564　028-87600533
邮政编码	610031
网　　址	http://www.xnjdcbs.com
印　　刷	成都中铁二局永经堂印务有限责任公司
成品尺寸	185 mm × 260 mm
印　　张	7.75
字　　数	191 千字
版　　次	2014 年 8 月第 1 版
印　　次	2014 年 8 月第 1 次
书　　号	ISBN 978-7-5643-3278-5
定　　价	23.00 元

图书如有印装质量问题　本社负责退换
版权所有　盗版必究　举报电话：028-87600562

前　言

20 世纪 70 年代，空间数据库技术诞生于地图制图与遥感图像处理的相关领域，它是数据库技术在空间信息领域的分支与扩展，由于普通关系数据库在空间数据的存储、办理、检索和显示等方面存在很大问题，引发了学界对空间数据库技术的研究。目前，在各类 GIS 应用系统中，不论是 GIS 二次开发，还是 WebGIS 开发，空间数据库以其众多的优势，已成为空间数据的重要组织形式。

"空间数据库"是地理信息科学、测绘工程等相关专业的必修课程，而纵观目前有关空间数据库及其实验指导的教材，内容多为理论知识，操作性有待加强，对于本科生而言学习起来较为吃力。因此，本书在编写过程中本着通俗易懂、详细可行的原则，对于关系数据库建库及其管理系统开发、空间数据库建库及其管理系统开发的各个流程环节进行了翔实的描述，并使用大量的图片进行说明，步骤清晰、层次分明，具有很强的可操作性。本书既可作为地理信息科学和测绘工程本科阶段的实验指导书，也可作为交通工程、城市规划等相关专业的辅导教材，还可作为相关部门工作人员的自学教材。

本书由西南科技大学地理信息工程教研室集体编写。其中，第一部分由王卫红编写，第二部分和第三部分由陈鲁皖编写。本书由陈鲁皖、王卫红担任主编，陈鲁皖统稿，夏清和武锋强参与了本书插图和部分代码的编写工作。

本书在编写过程中，编者参阅了相关文献，并引用了其中的一些资料，在此谨向相关作者表示衷心的感谢！

本书编者在编写过程中倾注了大量的热情，并付出了艰辛的劳动，但由于水平有限，书中难免存在不妥之处，恳请广大读者及专家同仁不吝指正。

编　者
2014 年 6 月

目 录

第一部分 关系数据库的建库与开发 1

    实验一   使用 SQL Server 2008 建立简单数据库 2

    实验二   SQL 编辑数据库数据（一） 15

    实验三   SQL 编辑数据库数据（二） 18

    实验四   ADO.NET 连接 SQL Server 2008（一） 20

    实验五   ADO.NET 连接 SQL Server 2008（二） 36

第二部分 Geodatabase 数据库的建库 45

    实验六   建立 Geodatabase 数据库之空间数据库设计 46

    实验七   建立 Geodatabase 数据库之不同格式的数据入库 66

    实验八   建立 Geodatabase 数据库之图形数据配准 71

    实验九   建立 Geodatabase 数据库之矢量化数据属性编辑 76

第三部分 空间数据库管理系统开发 81

    实验十   AE 连接空间数据库 82

    实验十一   使用 AE 对象对空间数据库实现空间数据编辑 91

    实验十二   使用 AE 对象查询空间数据库要素类属性 101

附录 实验二、实验三参考答案 107

    附录 1   实验二参考答案 108

    附录 2   实验三参考答案 112

参考文献 117

第一部分

关系数据库的建库与开发

- 实验一　使用 SQL Server 2008 建立简单数据库
- 实验二　SQL 编辑数据库数据（一）
- 实验三　SQL 编辑数据库数据（二）
- 实验四　ADO.NET 连接 SQL Server 2008（一）
- 实验五　ADO.NET 连接 SQL Server 2008（二）

实验一　使用 SQL Server 2008 建立简单数据库

一、打开 SQL Server 2008

开机选择管理员账户，输入正确的密码，进入操作系统。在开始菜单程序中找到"SQL Server 2008 R2"，选择"SQL Server Management Studio"，如图 1.1 所示。

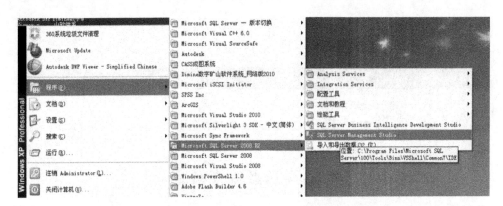

图 1.1　选择"SQL Server Management Studio"

点击"SQL Server Management Studio"，进入 SQL Server 2008 R2 登录界面，如图 1.2 所示。

图 1.2　SQL Server 2008 R2 登录界面

在服务器名称这一栏中,要注意是否与所提供的服务器名一致,可展开下拉框进行选择,如图 1.3 所示。

图 1.3　选择服务器名称

可选择本地服务器或网络服务器,以本地服务器为例,选中其中一个有效的数据库引擎,如图 1.4 所示。

图 1.4　查找服务器

点击【确定】后，服务器回到如图 1.2 所示的登录界面，再点击【连接】即可进入 SQL Server 2008。图 1.5 为 SQL Server Management Studio 界面。

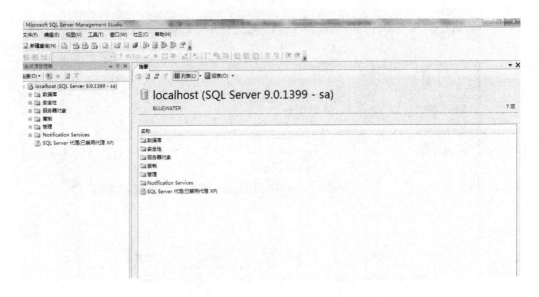

图 1.5　SQL Server Management Studio 界面

二、创建数据库

创建数据库，命名为"商场管理数据库"，如图 1.6 所示。

图 1.6　新建数据库

设置新建数据库的各项参数，如图 1.7～1.9 所示。

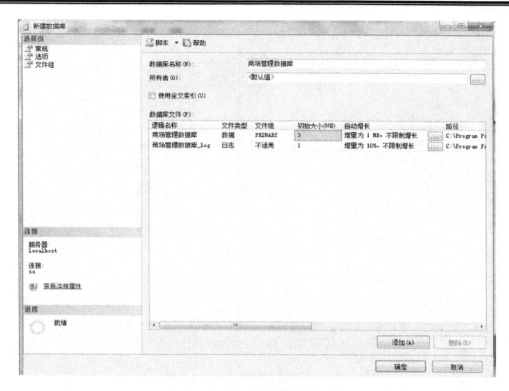

图 1.7　新建数据库设置参数

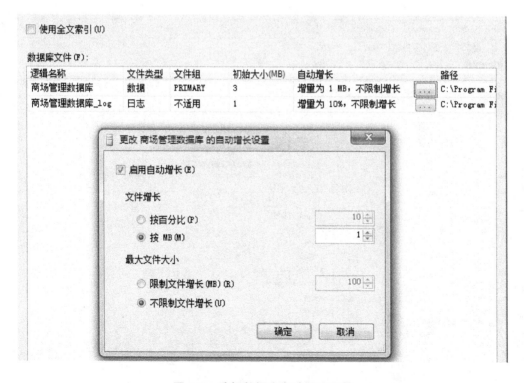

图 1.8　选择数据库自动更改设置

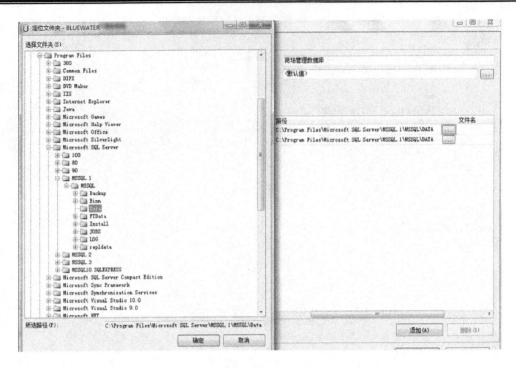

图 1.9 选择数据库文件存储路径

点击【确定】后,"商场管理数据库"就建好了,在对象资源管理器中可以看到创建的"商场管理数据库",如图 1.10 所示。

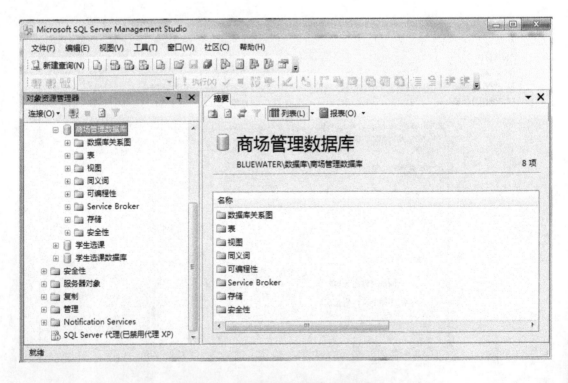

图 1.10 "商场管理数据库"创建完成

三、建立"商场管理数据库"中的数据库对象

新建的"商场管理数据库"是一个空的数据库,现在要在该库中建立 5 张表。"商场管理数据库" E-R 图如图 1.11 所示。

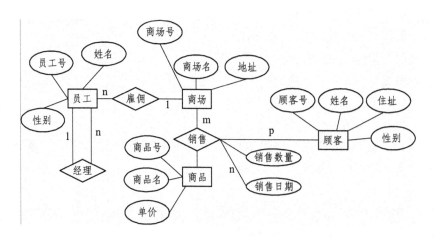

图 1.11 "商场管理数据库" E-R 图

由图 1.11 可知,商场管理数据库有 5 张表,5 张表的结构及各个属性约束如下:
(1) 商场表。
商场包括商场号、商场名、地址。
商场号:数据类型为 int,不允许为空。
商场名:数据类型为 char,长度为 10,允许为空。
地址:数据类型为 char,长度为 20,允许为空。
(2) 商品表。
商品包括商品号、商品名、单价。
商品号:数据类型为 int,不允许为空。
商品名:数据类型为 char,长度为 10,允许为空。
单价:数据类型为 float,允许为空。
(3) 顾客表。
顾客包括顾客号、姓名、住址、性别。
顾客号:数据类型为 int,不允许为空。
姓名:数据类型为 char,长度为 10,允许为空。
住址:数据类型为 char,长度为 20,允许为空。
性别:数据类型为 char,长度为 4,允许为空。
(4) 销售表。
销售包括商场号、商品号、顾客号、销售日期、销售数量。
商场号:数据类型为 int,不允许为空。

商品号：数据类型为 int，不允许为空。
顾客号：数据类型为 int，不允许为空。
销售日期：数据类型为 datatime，允许为空。
销售数量：数据类型为 int，允许为空。
（5）员工表。
员工包括员工号、姓名、性别、经理、商场号。
员工号：数据类型为 int，不允许为空。
姓名：数据类型为 char，长度为 10，允许为空。
性别：数据类型为 char，长度为 4，允许为空。
经理：数据类型为 int，允许为空。
商场号：数据类型为 int，允许为空。

根据上面 5 张表的具体情况，使用 SQL Server 2008 在建立的空数据库中新建这 5 张表，并依次设置每张表的主键，如图 1.12 所示。

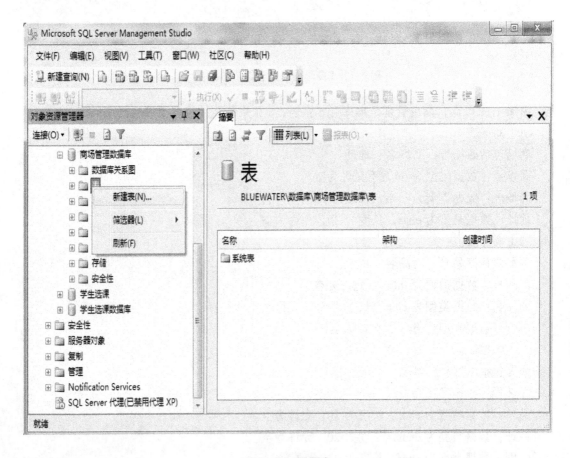

图 1.12　新建表

设置每张表的各个字段及其约束，设置每张表的主键，并保存，保存时要给予表名，如图 1.13、图 1.14 所示。

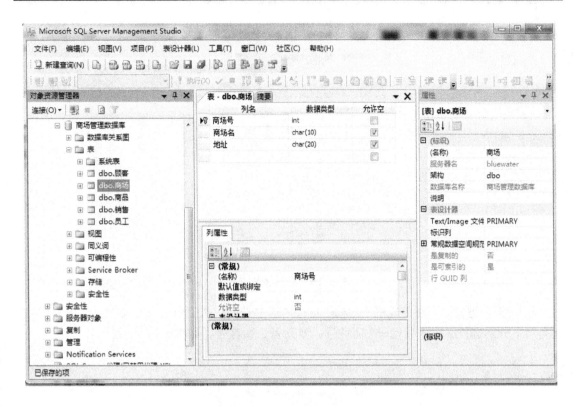

图 1.13 设置表字段及其约束

图 1.14 设置主键

需要注意的是，销售表有 3 个主属性，需要由索引/键对话框来确定，如图 1.15 所示。

图 1.15　选择索引/键

打开索引/键窗口，在常规项下"列"右边内容的选择按钮上点一下，会弹出索引列窗口，在列名下分别选择 3 个主属性——商场号、商品号、顾客号，如图 1.16 所示。

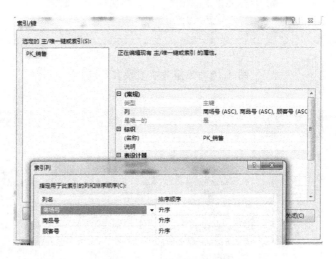

图 1.16　设置多个主属性

点击【确定】后，可以看到已设置多个主属性，如图 1.17 所示。

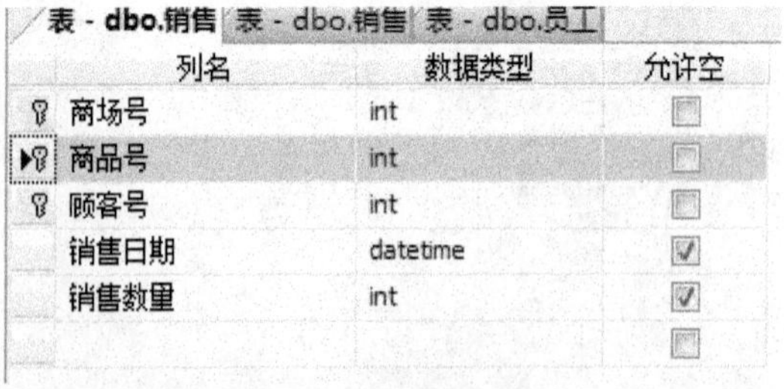

图 1.17　多个主属性

需要注意的是，在 SQL Server 2008 里定义各个表结构时，尽量在检查后再保存表；否则在默认状态下无法修改数据类型，这是为了确保数据的安全。若要修改，需要在【工具】→【选项】→【设计】→【表设计器和数据库设计器】中，去掉"阻止保存要求重新创建表的更改"选项，这样就可以修改了，如图 1.18 所示。

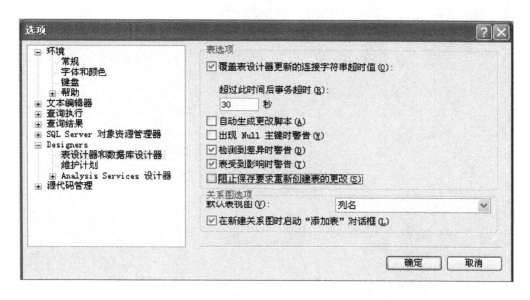

图 1.18　修改默认设置

四、建立表间约束关系

完成表设计后，为防止即使外码的取值不正确仍能输入数据的情况出现，要建立表间约束关系，即参照完整性约束。如图 1.19 所示，在有外码的表的结构编辑页面选择右键菜单中的【关系】。

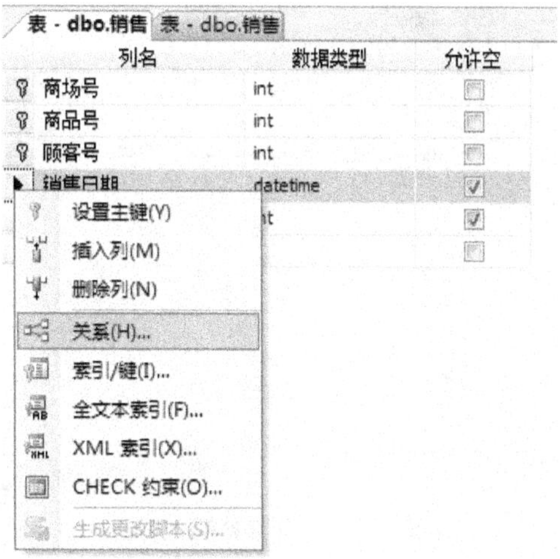

图 1.19　选择【关系】

在弹出的外键关系窗口中，选择【添加】，如图1.20所示。

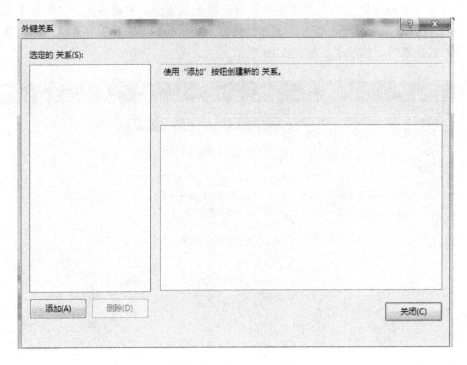

图1.20　添加外键关系

在表和列窗口中设置主键表的主键及与其对应的外键表中的外键，如图1.21所示。

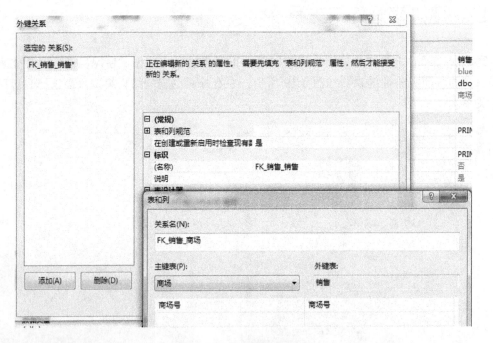

图1.21　设置外键关系

有的表因存在多个外键，所以要设置多个外键关系，销售表就有3个外键关系，如图1.22

所示。

同样，员工表也有两个外键关系，如图 1.23 所示。

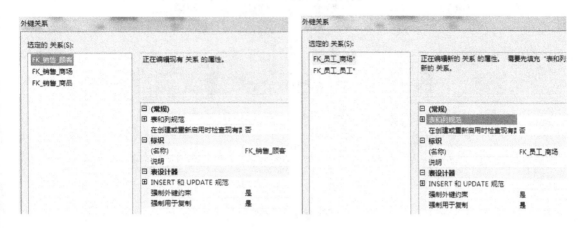

图 1.22　销售表的外键关系　　　　图 1.23　员工表的外键关系

五、向表中录入数据

打开各个表，向其中录入数据，要求每张表至少录入 5 行记录，如图 1.24 所示。

图 1.24　向表中录入数据

需要注意的是，在录入数据时，由于在之前建立了表间外键约束，所以有外键的表在录入数据时依赖于其对应的表的主键值，在输入数据时，应该先录没有外码的表，再录有外码的表，否则会出现如图 1.25 所示的错误。

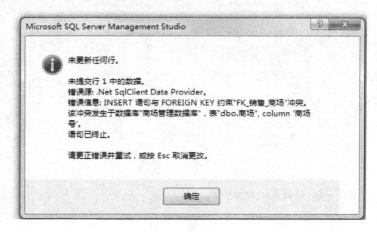

图 1.25　外键约束冲突

实验二　SQL 编辑数据库数据（一）

本次实验用到的数据库为"学生课程"数据库，表结构如下：
① 学生表：Student（学号、姓名、性别、年龄、专业、班级）。
② 教师表：Teacher（教师号、姓名、性别、年龄、级别、专业）。
③ 课程表：Course（课程号、课程名、教师号）。
④ 学生选课表：SC（学号、课程号、成绩）。

在 SQL Server Management Studio 中点击左上角的【新建查询】，打开 SQL 语句窗口，输入语句进行操作，如图 2.1 所示。

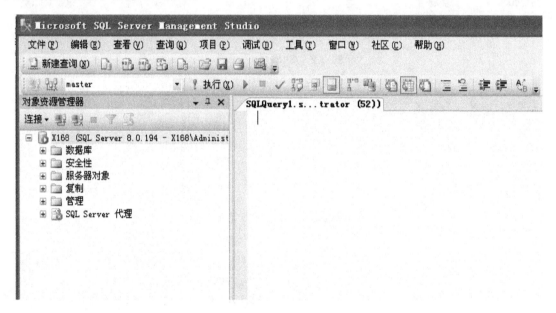

图 2.1　新建查询

在输入 SQL 语句后，可点击保存按钮，保存为后缀名为.sql 的文件。
在新打开的 SQL 输入窗口中输入 SQL 语句，完成以下任务：
（1）利用 SQL 语言创建"学生课程"数据库。
（2）在"学生课程"数据库中创建表，要求使用 SQL 设置各个表的主码和外码。
① 创建 Student 表，包括 6 个字段，学号为 Char 型数据，长度为 8；姓名为 Char 型数据，长度为 4；性别为 Char 型数据，长度为 2；年龄为整型数据；专业为 Char 型数据，长度为 12；班级为 Char 型数据，长度为 10；主码为学号。
② 创建 Teacher 表，包括 6 个字段，工号为 Char 型数据，长度为 3；姓名为 Char 型数据，长度为 4；性别为 Char 型数据，长度为 2；年龄为整型数据；级别为 Char 型数据，长度为 6；

专业为 Char 型数据，长度为 12；主码为工号。

③ 创建 Course 表，包括 3 个字段，课程号为 Char 型数据，长度为 59；课程名为 Char 型数据，长度为 12；工号为 Char 型数据，长度为 3；主码为课程号，外码为工号。

④ 创建 SC 表，包括 3 个字段，学号为 Char 型数据，长度为 8；课程号为 Char 型数据，长度为 9；成绩为整型数据；主码为学号和课程号，外码为学号、课程号。

（3）利用 SQL 语言为 SC 表建立索引。

按学号升序和课程号降序建立唯一索引。

（4）利用 SQL 语言实现向每个表中录入如图 2.2～2.5 所示的数据记录。

学号	姓名	性别	年龄	专业	班级
20110001	高佩	男	19	地理信息科学	地理1101班
20110002	刘国	男	21	地理信息科学	地理1102班
20110003	李维	女	20	测绘工程	测绘1101班
20110004	曾雨	女	18	测绘工程	测绘1102班
20110005	吴昊	男	20	采矿工程	采矿1101班
20110006	杨萌	男	20	采矿工程	采矿1102班

图 2.2　Student 表记录

工号	姓名	性别	年龄	职称	专业
111	夏青	男	32	副教授	地理信息科学
128	陈志	男	33	讲师	测绘工程
129	王红	女	38	教授	测绘工程
133	武强	女	22	助教	采矿工程

图 2.3　Teacher 表记录

课程号	课程名	工号
133990010	网络GIS	128
133991000	空间数据库	128
133992031	控制测量	129
133992033	空间分析	111
134999002	数字高程模型	133

图 2.4　Course 表记录

学号	课程号	成绩
20110001	133990010	68
20110001	133991000	86
20110001	134999002	76
20110002	133990010	92
20110002	133991000	75
20110002	134999002	64
20110003	133990010	88
20110003	133992033	78
20110004	133992033	85
20110004	134999002	91
20110005	133992031	79
20110006	133992031	81

图 2.5　SC 表记录

（5）利用SQL语言对数据库进行如下单表查询。

① 查询全体学生的学号、姓名、性别、班级。
② 查询学生表中的全部信息。
③ 查询地理信息科学、测绘工程专业学生的姓名、性别和班级。
④ 查询所有姓"李"学生的姓名、学号和性别。
⑤ 查询姓"刘"且全名为两个汉字的学生的姓名。
⑥ 查询所有不姓"刘"的学生姓名。
⑦ 查询年龄不在18～20岁的学生姓名、专业和出生年份（结果不包括18岁和20岁）。
⑧ 查询选修了133991000课程的学生的学号及其成绩，查询结果按分数降序排列，没有成绩的同学不出现在结果中。
⑨ 查询学生表中的全部信息，查询结果按系号升序排列，同一系中的学生按学号降序排列。
⑩ 查询选修了课程的学生人数。
⑪ 计算133991000课程的学生的平均成绩。
⑫ 查询选修了2门以上课程的学生学号。
⑬ 查询选修了133991000课程且成绩低于80分的学生的学号。

实验三　SQL编辑数据库数据（二）

（1）利用SQL语言对学生课程数据库进行如下多表查询。
① 查询选修了课程134999002且成绩在60~80分（包括60分和80分）的所有学生记录（不要重复的列）。
② 查询成绩为85分、86分或88分的学生的所有记录（不要重复的列）。
③ 查询地理1101班的学生人数（列名为"学生人数"）。
④ 查询平均分大于80分的学生的学号、平均成绩。
提示：having后面跟集函数avg（ ）。
⑤ 查询地理1101班每个学生所选课程的平均分和学号（使用两种方法：嵌套查询和连接查询）。
⑥ 以选修课程134999002为例，查询成绩高于学号为20110001同学的所有学生的学生表中的所有记录（使用嵌套查询，层层深入）。
⑦ 查询与学号为20110003的同学同岁的所有学生的学号、姓名和年龄（使用两种方法：嵌套查询和自身连接查询）。
⑧ 查询选修其课程的学生人数多于2人的教师姓名。
提示：采用嵌套查询方法。
⑨ 查询选修课程134999002的成绩比课程134999002的平均成绩低的学生的学号、课程号、成绩。
提示：采用嵌套查询方法。
⑩ 列出至少有2名女生的专业名。
提示：根据性别="男"这个条件来对Student表进行分组。
⑪ 查询每门课程最高分的学生的学号、课程号、成绩（假定成绩有重复）。
提示：此题的技巧在于根据课程号及其最高分来查成绩表。
⑫ 查询选修"空间数据库"课程的"男"同学的成绩表。
提示：采用嵌套查询进行解答。
（2）利用SQL语言对学生课程数据库进行如下更新操作。
① 对每一个学生，求其选修课程的平均分，并将此结果存入数据库，运用批处理一次运行所有语句。
提示：先创建一个名为"Agrade"的新表，字段为学号和平均成绩，再通过带子查询的插入操作保存数据。
② 将Student表中学号为20110002的元组的年龄属性值改为22，班级属性值改为地理1101班。
③ 将SC表中所有成绩低于70分的学生的成绩属性值统一修改为0。

④ 将 Student 表中姓名属性名含有"李"或"国"的相应年龄属性值增加 1。

⑤ 将学生名为"曾雨"选修的课程 134999002 的成绩修改为 100。

提示：带子查询的更新。

（3）使用 T-SQL 语言的控制语句对学生课程数据库进行如下操作。

① 根据 SC 表中的考试成绩，查询地理 1101 班学生课程 133990010 的平均成绩，若平均成绩大于 75 分，输出地理 1101 班网络 GIS 的平均成绩比较理想，并输出平均成绩；若低于 75 分，输出地理 1101 班网络 GIS 的平均成绩不太理想，并输出平均成绩。

提示：使用 if…else… 和 begin…end 语句。

② 查询地理 1101 班学生的考试情况，并使用 CASE 语句将课程号替换为课程名显示，即输出学号、课程名、成绩。

提示：使用 case…end 语句。

实验四　ADO.NET 连接 SQL Server 2008（一）

一、设置用户名、密码和登录方式

在连接数据库之前，要先设好用户名、密码和登录方式。
（1）先以 Windows 身份验证方式登入，如图 4.1 所示。

图 4.1　Windows 身份验证方式登入 SQL Server 2008

（2）设置用户 sa 的密码，如图 4.2、图 4.3 所示。

图 4.2　显示用户 sa 的属性

实验四 ADO.NET 连接 SQL Server 2008（一）

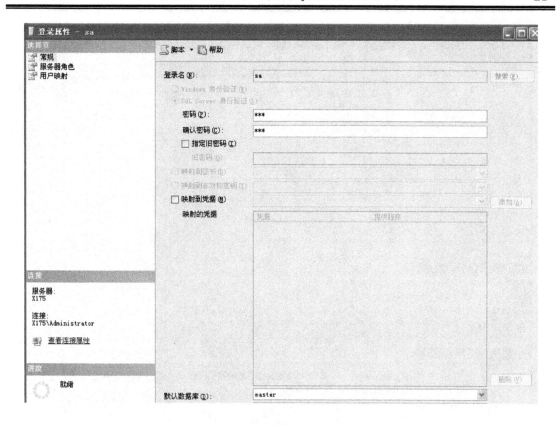

图 4.3 设置用户 sa 的密码

（3）新建新的用户名和密码，如图 4.4、图 4.5 所示。
（4）设置新建的用户服务器角色为管理员，如图 4.6 所示。
（5）设置用户映射，如图 4.7 所示。

图 4.4 新建登录名

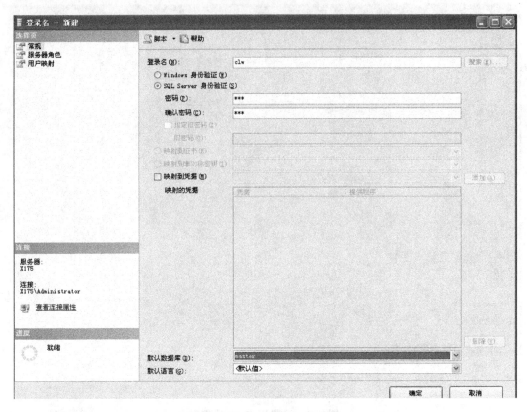

图 4.5 设置新的登录名和密码

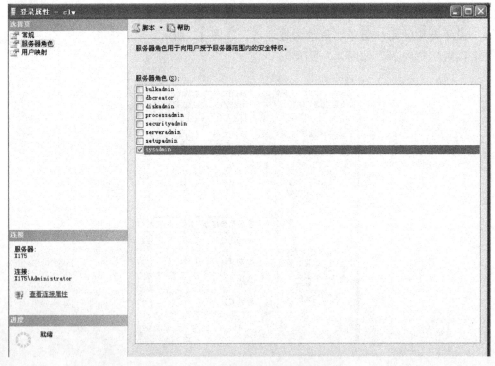

图 4.6 设置新建的用户服务器角色

实验四 ADO.NET 连接 SQL Server 2008（一） 23

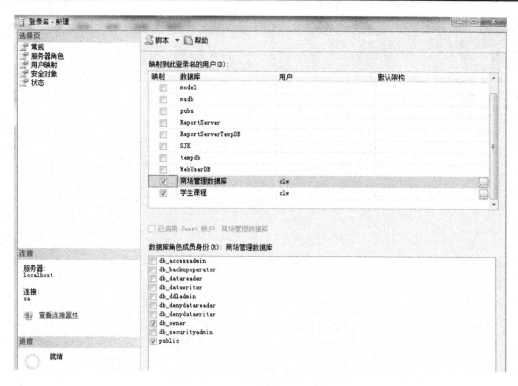

图 4.7 设置用户映射

（6）改变数据库登录方式为 SQL Server 和 Windows 身份验证模式，如图 4.8～4.10 所示。

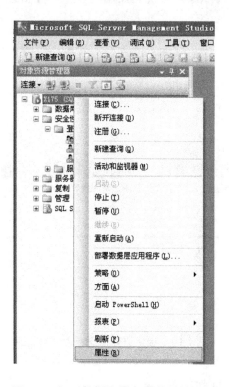

图 4.8 打开数据库服务器的属性面板

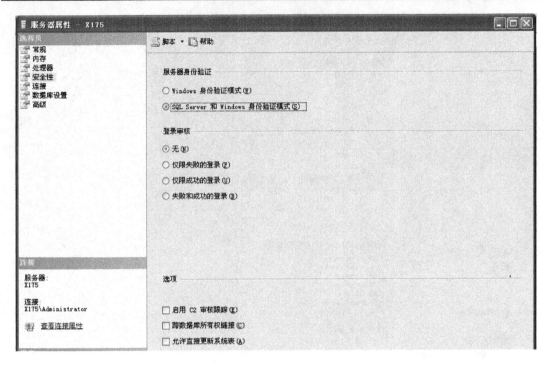

图 4.9　改变服务器身份验证方式

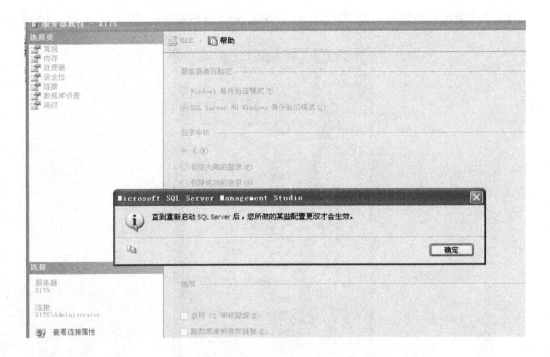

图 4.10　提示重启 SQL Server 服务

（7）重启服务，如图 4.11 所示。

实验四 ADO.NET 连接 SQL Server 2008（一）

图 4.11 重启服务

（8）断开与对象资源管理器的连接，再重新连接对象资源管理器，以 SQL Server 身份验证模式登录，如图 4.12、图 4.13 所示。

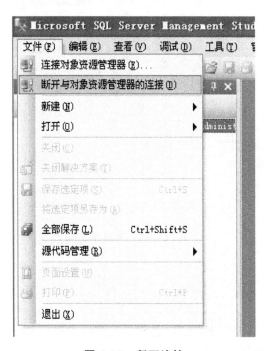

图 4.12 断开连接

图 4.13 以 SQL Server 身份验证模式登录

二、建立连接字符串

新建一个 C#.NET 项目 test001，设计窗体 Form1，放置一个命令按钮 Button1 和一个标签 Label1，如图 4.14 所示。

图 4.14 建立连接字符串

在该窗体上设计如下代码：

using System;
using System.Collections.Generic;
using System.ComponentModel;

```csharp
using System.Data;
using System.Drawing;
using System.Linq;
using System.Text;
using System.Windows.Forms;
using System.Data.SqlClient;
namespace test001
{
    public partial class Form1 : Form
    {
        public Form1()
        {
            InitializeComponent();
        }
        private void button1_Click(object sender, EventArgs e)
        {
            String ConnectionString = "server=(local); uid=clw; pwd=123; database=学生课程";
            SqlConnection myconn = new SqlConnection(ConnectionString);
            myconn.Open();
            if (myconn.State == ConnectionState.Open)
                label1.Text = "成功连接到学生课程数据库！";
        }
    }
}
```

运行，点击连接数据库按钮，如图 4.15 所示。

图 4.15　连接到学生课程数据库

三、利用 SqlCommand 对象直接操作数据库

（1）利用 SqlCommand 对象返回单个值。

设计一个窗体，通过 SqlCommand 对象求"学生课程"数据库 SC 表中成绩的平均分，如图 4.16 所示。

图 4.16　利用 SqlCommand 对象返回单个值

在该窗体上设计如下代码：

```
using System.Data.SqlClient;
namespace test002
{
publicpartialclassForm1：Form
    {
public Form1（）
        {
            InitializeComponent（）;
        }
privatevoid button1_Click（object sender，EventArgs e）
        {
String ConnectionString = "server=（local）；uid=clw；pwd=123；database=学生课程";
SqlConnection myconn = newSqlConnection（ConnectionString）;
            myconn.Open（）;
SqlCommand mycmd = newSqlCommand（"select avg（成绩）from SC"，myconn）;
            textBox1.Text = mycmd.ExecuteScalar（）.ToString（）;
            myconn.Close（）;
        }
}}
```

（2）利用 SqlCommand 对象执行修改操作，如图 4.17 所示。

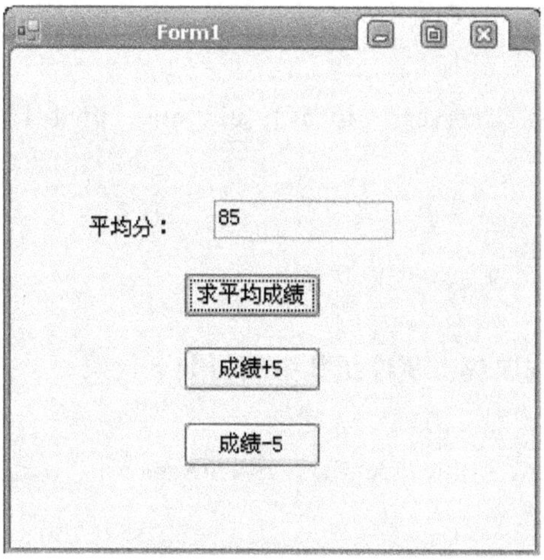

图 4.17　利用 SqlCommand 对象执行修改操作

可以把常用的数据库连接字符串写到一个类中，如图 4.18 所示。

图 4.18　建立类

在类中，编写如下代码：

```
using System;
using System.Collections.Generic;
using System.Text;
using System.Data.SqlClient;
namespace test003
{
```

```csharp
classClass1
    {
publicstaticSqlConnection CyCon()
        {
returnnewSqlConnection("server=(local);uid=clw;pwd=123;database=学生课程");
        }
    }
}
```

然后在 Form1 的 3 个按钮单击事件函数中编写如下代码：

```csharp
privatevoid button1_Click(object sender, EventArgs e)
        {
SqlConnection myconn = Class1.CyCon();
            myconn.Open();
SqlCommand mycmd = newSqlCommand("select avg(成绩) from SC", myconn);
            textBox1.Text = mycmd.ExecuteScalar().ToString();
            myconn.Close();
        }
privatevoid button2_Click(object sender, EventArgs e)
        {
SqlConnection myconn = Class1.CyCon();
            myconn.Open();
SqlCommand mycmd = newSqlCommand("update SC set 成绩=成绩+5", myconn);
            mycmd.ExecuteNonQuery();
            myconn.Close();
        }
privatevoid button3_Click(object sender, EventArgs e)
        {
SqlConnection myconn = Class1.CyCon();
            myconn.Open();
SqlCommand mycmd = newSqlCommand("update SC set 成绩=成绩-5", myconn);
            mycmd.ExecuteNonQuery();
            myconn.Close();
        }
```

（3）在 SQL 语句中利用文本框的值设置查询条件，利用 DataReader 显示多值，如图 4.19 所示。

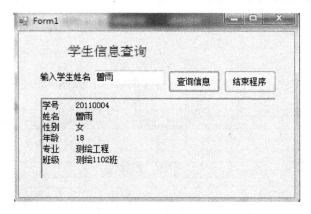

图 4.19 学生信息查询

所有学生信息显示在 RichTextBox 控件中,两个按钮的单击事件函数代码如下:

```
privatevoid btnSelect_Click ( object sender, EventArgs e )
        {
string connStr, selectName, selectCmd;
            selectName = txtName.Text;
            selectCmd ="select * from Student where 姓名='" + selectName + "'";
            connStr ="server=(local); uid=clw; pwd=123; database=学生课程";
SqlConnection conn;
SqlCommand cmd;
SqlDataReader myReader;
            conn = newSqlConnection ( connStr );
            conn.Open ( );
            cmd = newSqlCommand ( selectCmd, conn );
            myReader = cmd.ExecuteReader ( );
while ( myReader.Read ( ))
                {
for ( int i = 0; i < myReader.FieldCount; i++ )
                    {
                        rtbShow.Text+=myReader.GetName ( i ) +"\t"+myReader.GetValue ( i ) +"\n";
                    }
                }
            myReader.Close ( );
            conn.Close ( );
        }
privatevoid btnEnd_Click ( object sender, EventArgs e )
        {
```

Environment.Exit（0）;
　　　}

（4）在 SQL 语句中使用命名参数进行数据库的修改，如图 4.20 所示。

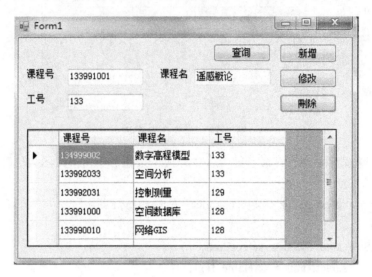

图 4.20　使用命名参数进行数据库的修改

DataGridView 控件的数据显示程序如下：

void ShowPerson（）
　　　{
string connStr, selectCmd;
　　　connStr = "server=（local）; uid=clw; pwd=123; database=学生课程";
　　　selectCmd = "Select * From Course Order By 课程号 DESC";
SqlConnection conn;
SqlDataAdapter myAdapter;
DataSet myDataSet = newDataSet（）;
　　　conn = newSqlConnection（connStr）;
　　　conn.Open（）;
　　　myAdapter = newSqlDataAdapter（selectCmd, conn）;
　　　myAdapter.Fill（myDataSet, "Course"）;
　　　dataGridView1.DataSource = myDataSet.Tables["Course"];
　　}
privatevoid Form1_Load（object sender, EventArgs e）
　　{
　　　ShowPerson（）;
　　}

查询按钮的单击事件函数代码如下：

```csharp
privatevoid btnCX_Click（object sender, EventArgs e）
        {
string connStr, selectName, selectCmd;
            selectName = txtName.Text;
            selectCmd = "select * from Course where 课程名= @cname";
            connStr = "server=（local）; uid=clw; pwd=123; database=学生课程";
SqlConnection conn;
SqlCommand cmd;
SqlDataReader myReader;
            conn = newSqlConnection（connStr）;
            conn.Open（）;
            cmd = newSqlCommand（selectCmd, conn）;
            cmd.Parameters.Add（newSqlParameter（"@cname", SqlDbType.Char））;
            cmd.Parameters["@cname"].Value = txtName.Text;
            myReader = cmd.ExecuteReader（）;
while （myReader.Read（））
            {
                txtCNO.Text = myReader.GetValue（0）.ToString（）;
                txtName.Text = myReader.GetValue（1）.ToString（）;
                txtTNO.Text = myReader.GetValue（2）.ToString（）;
            }
            myReader.Close（）;
            conn.Close（）;
        }
```

新增、修改、删除按钮的单击事件函数如下：

```csharp
privatevoid btnAdd_Click（object sender, EventArgs e）
        {
string connStr, insertCmd;
            connStr = "server=（local）; uid=clw; pwd=123; database=学生课程";
insertCmd = "Insert Into Course（课程号, 课程名, 工号）Values（@cno, @cname, @tno）";
   SqlConnection conn;
   SqlCommand cmd;
            conn = newSqlConnection（connStr）;
```

```
                conn.Open ( );
                cmd = newSqlCommand ( insertCmd, conn );
                cmd.Parameters.Add ( newSqlParameter ( "@cno", SqlDbType.Char ));
                cmd.Parameters.Add ( newSqlParameter ( "@cname", SqlDbType.Char ));
                cmd.Parameters.Add ( newSqlParameter ( "@tno", SqlDbType.Char ));
                cmd.Parameters["@cno"].Value = txtCNO.Text;
                cmd.Parameters["@cname"].Value = txtName.Text;
                cmd.Parameters["@tno"].Value = txtTNO.Text;
                cmd.ExecuteNonQuery ( );
                conn.Close ( );
                ShowPerson ( );
            }
        privatevoid btnUpdate_Click ( object sender, EventArgs e )
                {
        string connStr, updateCmd;
                connStr = "server= ( local); uid=clw; pwd=123; database=学生课程";
        SqlConnection conn;
        SqlCommand cmd;
                conn = newSqlConnection ( connStr );
                conn.Open ( );
                updateCmd = "update Course Set 工号=@tno, 课程号=@cno Where 课程名=@cname";
                cmd = newSqlCommand ( updateCmd, conn );
                cmd.Parameters.Add ( newSqlParameter ( "@cno", SqlDbType.Char ));
                cmd.Parameters.Add ( newSqlParameter ( "@cname", SqlDbType.Char ));
                cmd.Parameters.Add ( newSqlParameter ( "@tno", SqlDbType.Char ));
                cmd.Parameters["@cno"].Value = txtCNO.Text;
                cmd.Parameters["@cname"].Value = txtName.Text;
                cmd.Parameters["@tno"].Value = txtTNO.Text;
                cmd.ExecuteNonQuery ( );
                conn.Close ( );
                ShowPerson ( );
            }
        privatevoid btnDel_Click ( object sender, EventArgs e )
                {
        string connStr, delCmd;
                connStr = "server= ( local); uid=clw; pwd=123; database=学生课程";
                delCmd = "Delete From Course Where 课程名= @cname";
        SqlConnection conn;
```

```
SqlCommand cmd;
    conn = newSqlConnection ( connStr );
    conn.Open ( );
    cmd = newSqlCommand ( delCmd, conn );
    cmd.Parameters.Add ( newSqlParameter ( "@cname", SqlDbType.Char ));
    cmd.Parameters["@cname"].Value = txtName.Text;
    cmd.ExecuteNonQuery ( );
    conn.Close ( );
    ShowPerson ( );
}
```

实验五　ADO.NET 连接 SQL Server2008（二）

一、使用 DataReader 对象访问数据库

使用 DataReader 对象访问学生课程数据库中 Student 表字段中的值，如图 5.1 所示。

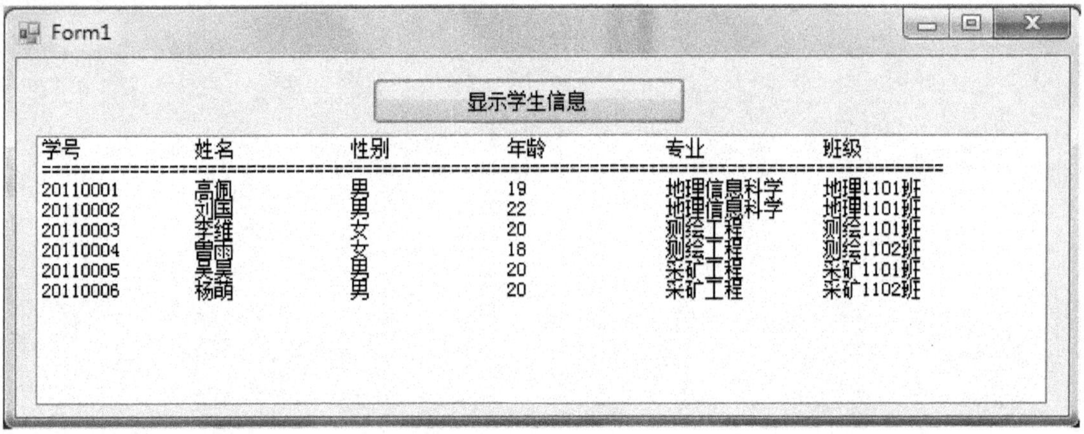

图 5.1　读取 DataReader 中的值

程序代码如下：

```
privatevoid btnXS_Click（object sender，EventArgs e）
        {
string cstring = "server=（local）；uid=clw；pwd=123；database=学生课程";
string sqlstring = "select * from Student";
string strRow = "";
string strRow1 = "";
SqlConnection myconn = newSqlConnection（cstring）;
            myconn.Open（）;
SqlCommand mycmd = newSqlCommand（）;
            mycmd.Connection = myconn;
            mycmd.CommandType = CommandType.Text;
```

```csharp
                mycmd.CommandText = sqlstring;
SqlDataReader myreader = mycmd.ExecuteReader();
                listBox1.Items.Clear();
for (int i = 0; i < myreader.FieldCount; i++)
                {
                    strRow += myreader.GetName(i) + "\t\t";

                }
                listBox1.Items.Add(strRow);
                listBox1.Items.Add
("==============================================");
    while (myreader.Read())
                {
strRow1 = myreader.GetString(0) + "\t";
                    strRow1 = strRow1 + myreader.GetString(1) + "\t\t";
                    strRow1 = strRow1 + myreader.GetString(2) + "\t\t";
                    strRow1 = strRow1 + myreader.GetInt32(3) + "\t\t";
                    strRow1 = strRow1 + myreader.GetString(4) + "\t";
                    strRow1 = strRow1 + myreader.GetString(5);
                    strRow1 = strRow1 + (char)10 + (char)13;
                    listBox1.Items.Add(strRow1);
                }
                myreader.Close();
                myconn.Close();
            }
```

二、使用 DataSet 对象更新数据

可以使用 SqlDataAdapter 对象的 Fill 方法向 DataSet 对象中填充数据，语法如下：
SqlDataAdapter 对象名.Fill（DataSet 对象名，"数据表名"）。
使用 SqlCommandBuilder 类产生数据适配器的 Update 方法，以更新数据，语法如下：
SqlCommandBuilder mycndbuilder = new SqlCommandBuilder（数据适配器名）；
数据适配器名.Update（DataSet 对象名，"数据表名"）。
设计一个窗体，向 Student 表中插入一条学生记录，向窗体中加入一个分组框 GroupBox1 和一个按钮，分组框中有 5 个标签和 5 个文本框，如图 5.2 所示。

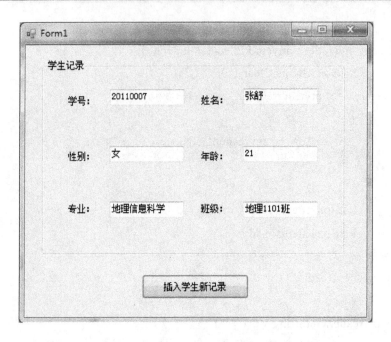

图 5.2　使用 DataSet 对象更新数据

程序代码如下：

```
privatevoid Form1_Load（object sender，EventArgs e）
        {
            textBox1.Text = "";
            textBox2.Text = "";
            textBox3.Text = "";
            textBox4.Text = "";
            textBox5.Text = "";
            textBox6.Text = "";
        }
privatevoid button1_Click（object sender，EventArgs e）
        {
if （textBox1.Text == ""）
            {
MessageBox.Show（"学生记录输入错误"，"信息提示"）;
            }
else
            {
string cstring = "server=（local）; uid=clw; pwd=123; database=学生课程";
string sqlstring = "select * from Student";
SqlConnection myconn = newSqlConnection（cstring）;
```

```
                myconn.Open();
SqlDataAdapter myAdapter;
                myAdapter = newSqlDataAdapter(sqlstring, myconn);
DataSet myDataSet = newDataSet();
                myAdapter.Fill(myDataSet, "学生记录表");
DataRow myrow = myDataSet.Tables["学生记录表"].NewRow();
                myrow[0] = textBox1.Text;
                myrow[1] = textBox2.Text;
                myrow[2] = textBox3.Text;
                myrow[3] = System.Int32.Parse(textBox4.Text);
                myrow[4] = textBox5.Text;
                myrow[5] = textBox6.Text;
                myDataSet.Tables["学生记录表"].Rows.Add(myrow);
SqlCommandBuilder mycndbuilder = newSqlCommandBuilder(myAdapter);
                myAdapter.Update(myDataSet, "学生记录表");
                myconn.Close();
        }
    }
```

三、数据绑定

设计如图 5.3 所示的窗体，使用 BindlingSource 类，每个文本框显示 Student 表中的一行记录，实现如图 4 个命令按钮。

图 5.3　使用 BindlingSource 类绑定

程序代码如下：

BindingSource myBindingSource = newBindingSource();　//创建 BindingSource

```csharp
privatevoid Form1_Load（object sender，EventArgs e）
    {
string cstring = "server=（local）；uid=clw；pwd=123；database=学生课程";
SqlConnection myconn = newSqlConnection（cstring）;
        myconn.Open（）;
string sqlstring = "select * from Student";
SqlDataAdapter myAdapter；
        myAdapter = newSqlDataAdapter（sqlstring，myconn）;
DataSet myDataSet = newDataSet（）;
        myAdapter.Fill（myDataSet，"学生记录表"）;
        myBindingSource = newBindingSource（myDataSet，"学生记录表"）;
        textBox1.DataBindings.Add（"Text"，myBindingSource，"学号"）;
        textBox2.DataBindings.Add（"Text"，myBindingSource，"姓名"）;
        textBox3.DataBindings.Add（"Text"，myBindingSource，"性别"）;
        textBox4.DataBindings.Add（"Text"，myBindingSource，"年龄"）;
        textBox5.DataBindings.Add（"Text"，myBindingSource，"专业"）;
        textBox6.DataBindings.Add（"Text"，myBindingSource，"班级"）;
        myconn.Close（）;
    }
```

4个命令代码如下：

```csharp
privatevoid btnFirst_Click（object sender，EventArgs e）
    {
if （myBindingSource.Position != 0）
        {
            myBindingSource.MoveFirst（）;
        }
    }
privatevoid btnPre_Click（object sender，EventArgs e）
    {
if （myBindingSource.Position != 0）
        {
            myBindingSource.MovePrevious（）;
        }
    }
privatevoid btnNext_Click（object sender，EventArgs e）
    {
if （myBindingSource.Position != myBindingSource.Count - 1）
```

```
            {
                myBindingSource.MoveNext ( );
            }
        }
privatevoid btnLast_Click ( object sender, EventArgs e )
        {
if  ( myBindingSource.Position != myBindingSource.Count - 1 )
            {
                myBindingSource.MoveLast ( );
            }
        }
```

四、使用 DataGridView 控件

使用 DataGridView 控件，设计如图 5.4 所示的窗体。

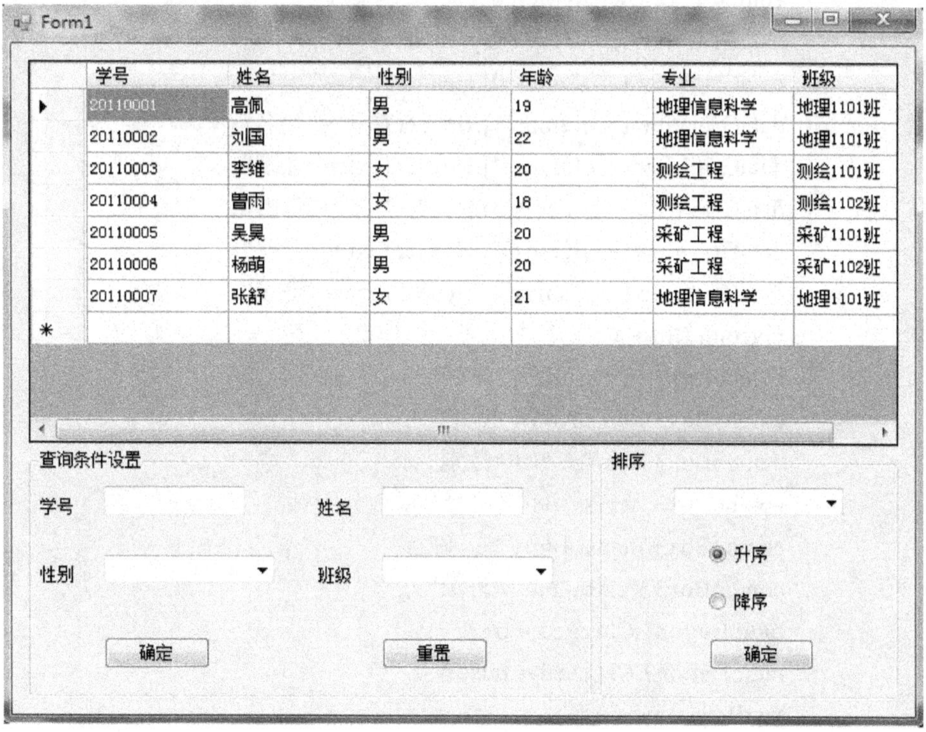

图 5.4 使用 DataGridView 控件

程序代码如下：

DataView mydv;

```csharp
publicstaticstring cstring = "server=（local）; uid=clw; pwd=123; database=学生课程";
staticSqlConnection myconn = newSqlConnection（cstring）;
SqlDataAdapter myda = newSqlDataAdapter（"select * from student", myconn）;
DataSet myds = newDataSet（）;
privatevoid Form1_Load（object sender, EventArgs e）
        {
            myconn.Open（）;
            myda.Fill（myds, "student"）;
            mydv = myds.Tables["student"].DefaultView;
            myda = newSqlDataAdapter（"select distinct 性别 from student", myconn）;
            myda.Fill（myds, "sex"）;
            comboBox1.DataSource = myds.Tables["sex"];
            comboBox1.DisplayMember = "性别";
            myda = newSqlDataAdapter（"select distinct 班级 from student", myconn）;
            myda.Fill（myds, "class"）;
            comboBox2.DataSource = myds.Tables["class"];
            comboBox2.DisplayMember = "班级";
            dataGridView1.DataSource = mydv;
            dataGridView1.Columns[0].HeaderText = "学号";
            dataGridView1.Columns[1].HeaderText = "姓名";
            dataGridView1.Columns[2].HeaderText = "性别";
            dataGridView1.Columns[3].HeaderText = "年龄";
            dataGridView1.Columns[4].HeaderText = "专业";
            dataGridView1.Columns[5].HeaderText = "班级";
            myconn.Close（）;
            comboBox3.Items.Add（"学号"）;
            comboBox3.Items.Add（"姓名"）;
            comboBox3.Items.Add（"性别"）;
            comboBox3.Items.Add（"年龄"）;
            comboBox3.Items.Add（"专业"）;
            comboBox3.Items.Add（"班级"）;
            radioButton1.Checked = true;
            radioButton2.Checked = false;
            textBox1.Text = "";
            textBox2.Text = "";
            comboBox1.Text = "";
            comboBox2.Text = "";
        }
privatevoid btnCX_Click（object sender, EventArgs e）
```

```csharp
        {
            string condstr = "";
            if (textBox1.Text != "")
            {
                condstr = "学号 like '" + textBox1.Text + "%'";
            }
            if (textBox2.Text != "")
            {
                if (condstr != "")
                {
                    condstr = condstr + "and 姓名 like '" + textBox2.Text + "%'";
                }
                else
                {
                    condstr = "姓名 like '" + textBox2.Text + "%'";
                }
            }

            if (comboBox1.Text != "")
            {
                if (condstr != "")
                {
                    condstr = condstr + "and 性别 like '" + comboBox1.Text + "%'";
                }
                else
                {
                    condstr = "性别 like '" + comboBox1.Text + "%'";
                }
            }
            if (comboBox2.Text != "")
            {
                if (condstr != "")
                {
                    condstr = condstr + "and 班级 like '" + comboBox2.Text + "%'";
                }
                else
                {
                    condstr = "班级 like '" + comboBox2.Text + "%'";
                }
```

```
                }
                mydv.RowFilter = condstr;
         }

privatevoid btnCZ_Click（object sender，EventArgs e）
         {
              textBox1.Text = "";
              textBox2.Text = "";
              comboBox1.Text = "";
              comboBox2.Text = "";
         }
privatevoid btnPX_Click（object sender，EventArgs e）
         {
String orderstr = "";
if （comboBox3.Text != ""）
              {
if （radioButton1.Checked）
                   {
                        orderstr = comboBox3.Text + " ASC";
                   }
else
                   {
                        orderstr = comboBox3.Text + " DESC";
                   }
              }
              mydv.Sort = orderstr;
         }
```

第二部分

Geodatabase 数据库的建库

- 实验六　建立 Geodatabase 数据库之空间数据库设计
- 实验七　建立 Geodatabase 数据库之不同格式的数据入库
- 实验八　建立 Geodatabase 数据库之图形数据配准
- 实验九　建立 Geodatabase 数据库之矢量化数据属性编辑

实验六　建立 Geodatabase 数据库之空间数据库设计

本次实验以黄土地区地理信息数据库为例，完成 Geodatabase 数据库的设计。

一、原始数据

黄土地区地理信息数据库涉及的内容包括如下数据：
（1）水系：点状水系（shape 格式）——泉、线状水系（shape 格式）——地面河流、面状水系（coverage 格式）——地下河段。
（2）居民地：coverage 格式，点状——乡镇。
（3）铁路：shape 格式，线状——单线标准轨。
（4）公路网：shape 格式，线状——建成国道。
（5）行政区划：coverage 格式，面状——县级行政区域已定界。
（6）植被：coverage 格式，面状——灌木林。
（7）地貌：coverage 格式，面状——土堆。
（8）土壤类型：coverage 格式，面状——盐碱地。
（9）宁夏回族自治区交通图：栅格数据。
这些信息的基本形式包括 2 种，即矢量数据（shape 和 coverage）和栅格数据。以上数据都在 ExerciseData1 文件夹中。

二、数据分组

将收集到的各种数据根据其用途和专业性质分为基础地理和基础专业两个类别，划分类别的目的在于管理方便。每个类别包括若干个要素数据集，每个要素数据集又包含若干要素类。
基础地理：该类中包括了主要的基础地理信息要素，如水系、居民地、铁路、公路网、行政区划。该类别的作用有两个，一是为其他地理要素提供地理参考背景；二是为制图与打印输出的需要。
基础专业：该类中包括了各专业要素，如植被、地貌和土壤等。因为这些要素与应用的专业领域密切相关，故对其属性数据要求较高。

三、要素数据集和要素类划分

根据数据分组和实验所提供的数据，可在数据库中将基础地理数据分为水系、居民地、交通、行政区 4 个要素数据集，基础专业数据分为植被、地貌、土壤 3 个要素数据集，共 7 个要素数据集。除水系要素数据集包含 3 个要素类，交通要素数据集包含 2 个要素类外，其他要素数据集都只有 1 个要素类。

四、要素数据集和要素类编码

为规范数据管理和方便数据存取，对要素数据集和要素类的标识进行统一编码。编码执行国家标准 GB/T 13923—2006《基础地理信息要素分类与代码》。代码数字部分采用 6 位十进制数字码，按数据顺序排列分别为大类码、中类码、小类码和子类码，具体代码结构如图 6.1 所示。

图 6.1 编码标准

（1）左起第一位为大类码。
（2）左起第二位为中类码，在大类基础上细分形成的要素类。
（3）左起第三、四位为小类码，在中类基础上细分形成的要素类。
（4）左起第五、六位为子类码，在小类基础上细分形成的要素类。
本次实验中的水系要素数据集及其编码如表 6.1 所示。

表 6.1 水系部分编码

编码	要素数据集和要素类	编码	要素数据集和要素类
200000	水系	210300	干涸河（干河床）
210000	河流	210301	河道干河
210100	常年河流	210302	漫流干河
210101	地面河流	210400	水边线
210102	地下河段	210401	水边线（左岸）
210103	地下河段出入口	210402	水边线（右岸）
210104	消失河段	219000	河流注记
210200	时令河		

由表 6.1 可知，要素数据集水系的编码为 200000，要素类线状地面河流的编码为 210101，其余数据编码可参考国家标准 GB/T 13923—2006。由于 ArcCatalog 为要素数据集和要素类命名时不允许完全使用数字，故可按照其数据分组为编码添加前缀。数据库中所有数据分为基础地理和基础专业两类，可约定所有基础地理数据前缀为 A，基础专业数据前缀为 B，故要素数据集水系的最终编码为 7 位：A200000，要素类线状地面河流的最终编码为 7 位：A210101。

其余要素数据集和要素类的编码可按照水系的示例进行编码。

五、使用 ArcCatalog 的向导工具建立一个 Geodatabase 文件地理数据库

（1）打开 ArcCatalog 文件夹连接，在想要建立 Geodatabase 的文件夹上单击右键，选择【新建】→【文件地理数据库】，如图 6.2 所示。要注意的是，在建立数据库时，路径和数据库名尽量不使用中文。

图 6.2　新建文件地理数据库

可将新建的文件地理数据库重命名为自己的学号，如图 6.3、图 6.4 所示。

实验六 建立 Geodatabase 数据库之空间数据库设计　　49

图 6.3　数据库重命名

图 6.4　以学号命名的 Geodatabase 文件地理数据库

（2）建立新的要素数据集。

建立一个新的要素数据集（Feature Datasets），必须定义其空间参考，包括确定其坐标系统[地理坐标（Geographic Coordinate System，GCS）和投影坐标（Projected Coordinate System，PCS）]、坐标域（X、Y、Z、M 值和精度），关于空间参考的定义在定义坐标系统时可以选择预先定义的坐标系，使用已有要素数据集的坐标系统或独立要素类的坐标系统作为模板，或自己定义。

本次实验所用的数据其空间参考一律使用地理坐标（GCS_Krasovsky_1940）。

① 在新建的地理数据库上单击右键，选择【新建】→【要素数据集】，操作过程如图 6.5 所示。

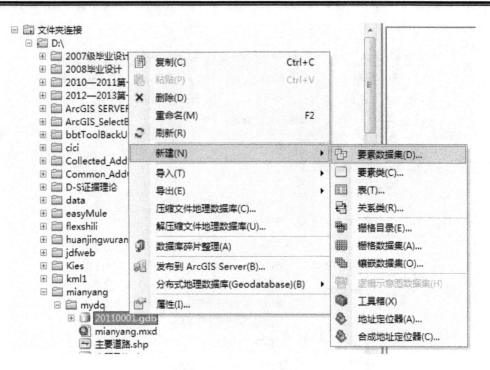

图 6.5 新建要素数据集

② 为要素数据集命名，使用约定的 7 位编码，如图 6.6 所示。

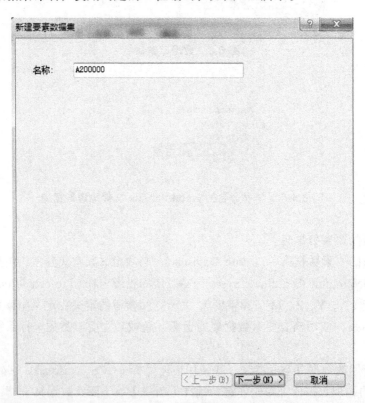

图 6.6 为要素数据集以约定编码命名

③ 在 Geographic Coordinate Systems 的 Spheroid-based 文件夹下，为要素数据集选定空间参考（GCS_Krasovsky_1940），如图 6.7 所示。

图 6.7　选择要素数据集的空间参考

④ 选择 Z 坐标的坐标系，由于本次实验使用的是二维数据，故此选项选择 None，如图 6.8 所示。

图 6.8　Z 坐标的坐标系选择

⑤ 不改动 X、Y、Z 和 M 的容差,选择【完成】,如图 6.9 所示。

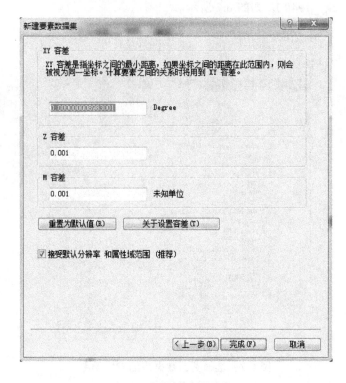

图 6.9 使用默认容差值

⑥ A200000 要素数据集已经建好,可在 ArcCatalog 的目录中看到,右键单击该要素数据集,选择【属性】,可查看该要素数据集的属性信息,如图 6.10 所示。

图 6.10 要素数据集的属性信息

⑦ 可按照以上步骤建立其余 6 个要素数据集。

（3）新建要素类。

① 以水系为例，在建好的水系要素数据集上单击右键，选择【新建】→【要素类】，如图 6.11 所示。

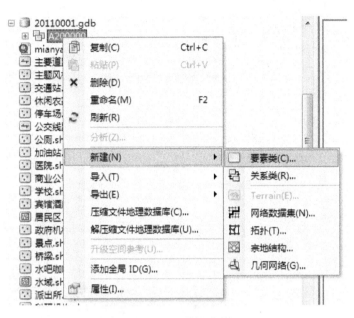

图 6.11　新建要素类

② 为新建的要素类命名，选择新建要素类的类型，如图 6.12 所示。

图 6.12　为新建要素类命名

③ 使用【默认】配置关键字，如图 6.13 所示。

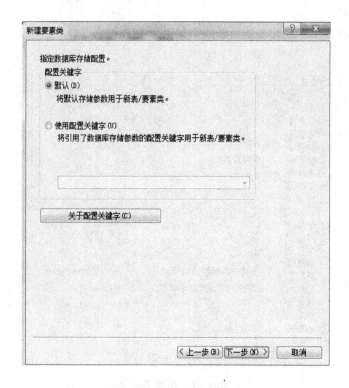

图 6.13　默认配置关键字

④ 要为新建的要素类设置字段，如果要载入的数据是矢量格式，如本次实验提供的线状水系为 shape 格式，为完整载入其属性信息，可在新建要素类设置字段的步骤中导入设置要素类的所有字段，如图 6.14 所示。

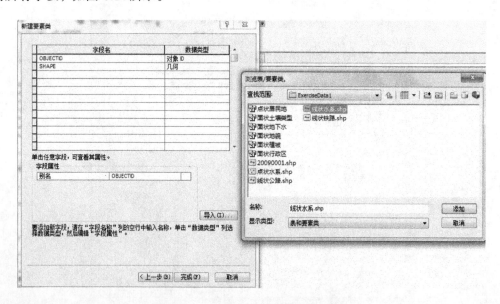

图 6.14　导入要载入数据的属性字段

⑤ 导入完成后，新建要素类的属性字段自动设置完毕，如图 6.15 所示。

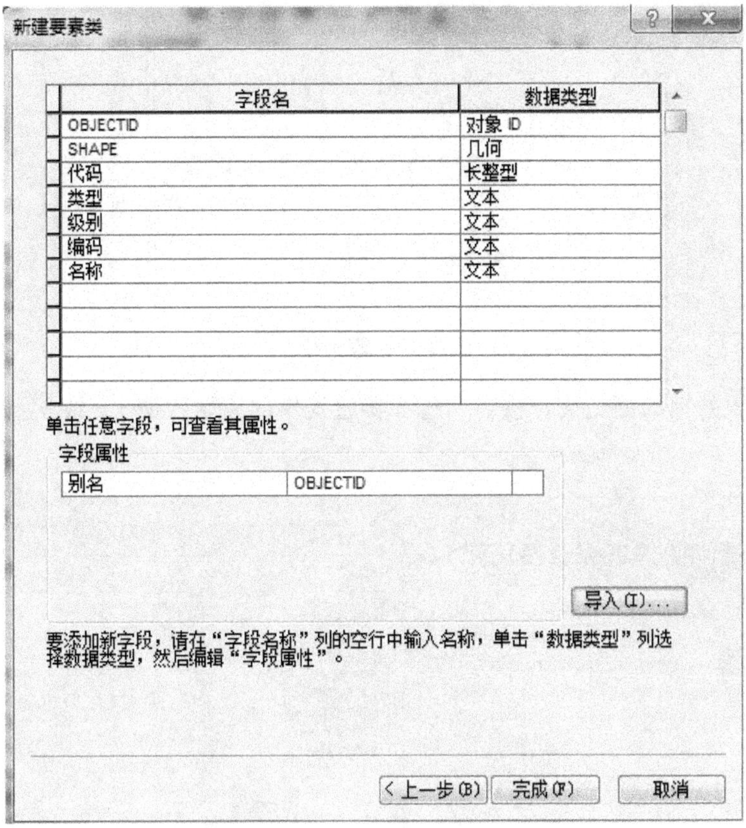

图 6.15 属性字段设置完毕

⑥ 点击【完成】，在 ArcCatalog 的目录中可以看到新建好的线状水系要素类，如图 6.16 所示。

图 6.16 线状水系要素类

按照以上步骤，新建要素数据集下的不同类型的各个要素类。如有必要，也可新建独立要素类，即不在要素数据集中的要素类。建立独立要素类同建立要素数据集中的要素类步骤基本相同，但需要为独立要素类定义空间参考，空间参考的定义方法与定义要素数据集的空间参考一致。

（4）为新建要素类载入数据。

由于新建的所有要素类中均没有数据，所以要载入数据。

① 以新建的 A210101 要素类为例，载入实验提供的原始数据 shape 文件，如图 6.17 所示。

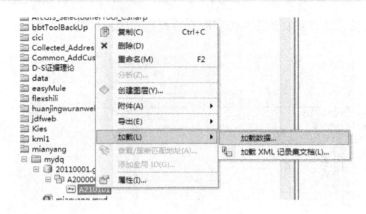

图 6.17 载入数据

② 点击输入数据的浏览文件按钮，选择实验提供的原始数据——线状水系.shape，如图 6.18 所示。

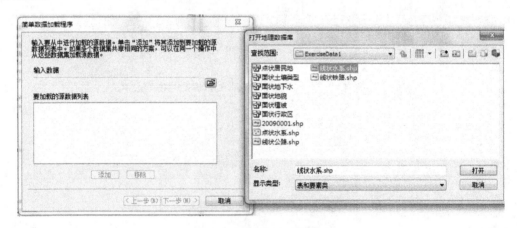

图 6.18 选择输入数据

③ 选择好数据后，点击对话框下部的【添加】按钮，将选择的数据添加到要加载的源数据列表中，如图 6.19 所示。

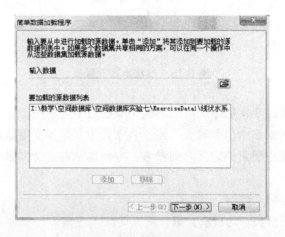

图 6.19 添加源数据列表

④ 在选择要加载的目标数据库的对话框中选择默认选项，如图 6.20 所示。

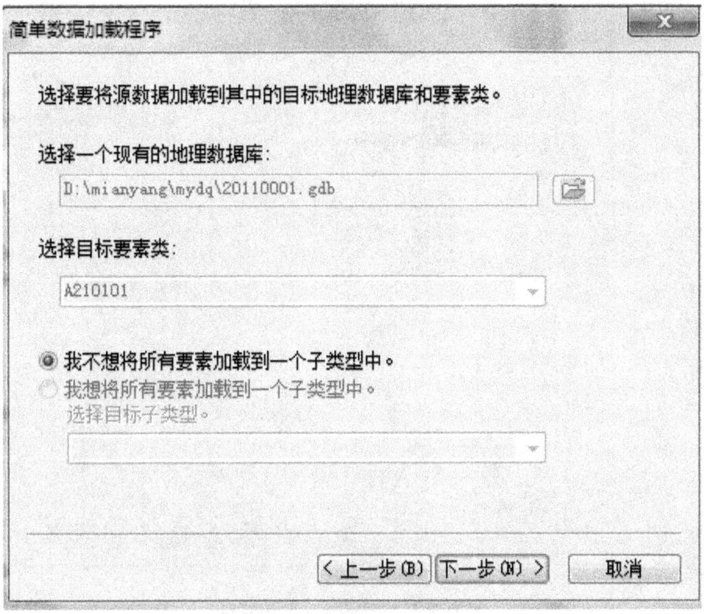

图 6.20 要加载的目标

⑤ 点击【下一步】按钮，目标字段和匹配源字段默认设置是正确的，无需重置，如图 6.21 所示。

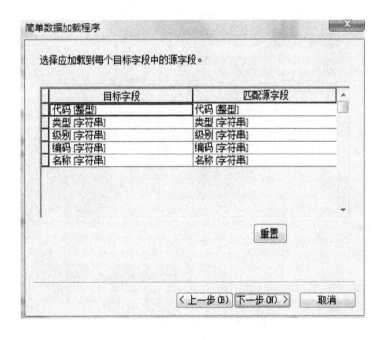

图 6.21 字段匹配

⑥ 选择【加载全部源数据】，点击【下一步】，如图 6.22 所示。

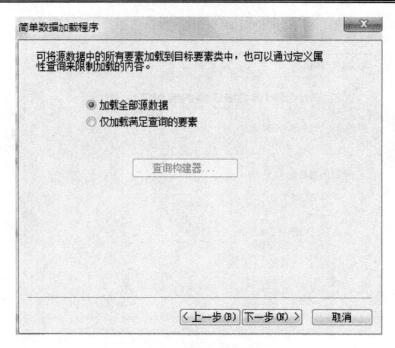

图 6.22　加载全部源数据

⑦ 点击摘要对话框中的【完成】，开始数据加载，如图 6.23 所示。

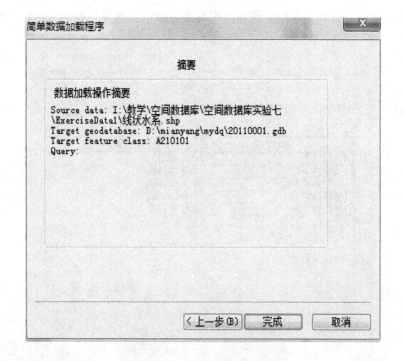

图 6.23　完成设置开始加载

⑧ 数据加载完成后，在 ArcCatalog 中，点击"A210101"，在右边的预览窗口，可看到预览的地理数据——线状水系，如图 6.24 所示。

实验六　建立 Geodatabase 数据库之空间数据库设计

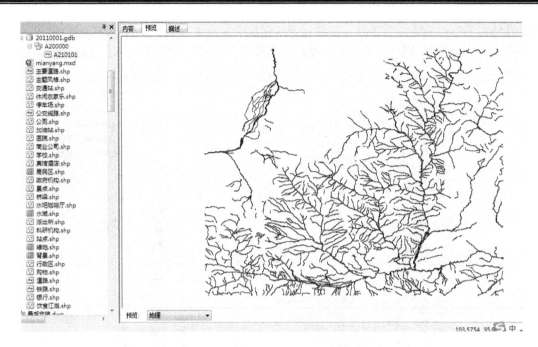

图 6.24　预览线状水系的地理数据

⑨ 在预览下拉框中选择【表】，可以查看线状水系的属性数据，如图 6.25 所示。

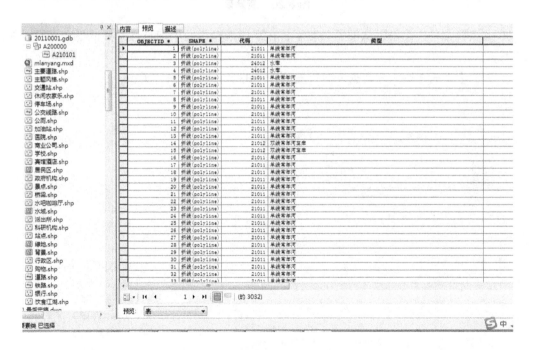

图 6.25　预览线状水系的属性数据

可按照以上步骤，把 ExerciseData1 中提供的源数据导入到数据库中。
（5）新建表。
某些要素类的属性信息过多，为合理设计数据库结构，提高数据库访问效率，可将部分数据存储到表中。如要访问该表，要为该表和相应的要素类建立关系类。

① 新建表，如图 6.26 所示，在数据库上单击右键，选择【新建】→【表】。

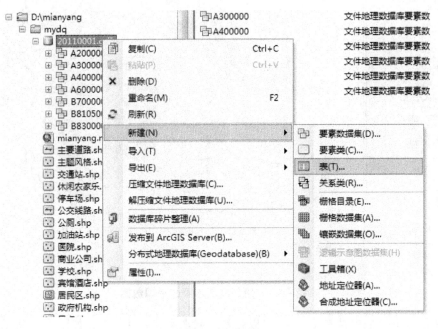

图 6.26　新建表

② 为该表命名，使用默认配置关键字，在字段编辑界面添加自己想要的各个字段，如图 6.27 所示。

③ 点击【完成】后，在数据库中可看到新建的表，如图 6.28 所示。

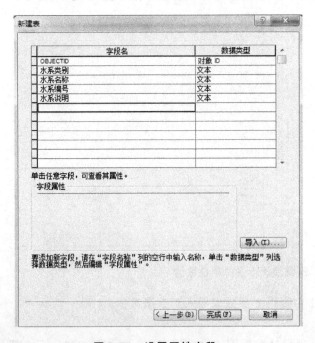

图 6.27　设置属性字段

图 6.28　新建的表

④ 然后可在 ArcMap 中对该表进行编辑，录入数据，也可直接在该表上加载数据，如 Excel 数据等，如图 6.29 所示。

图 6.29　加载 Excel 数据到表

（6）建立关系类。

① 新建完表并录入相关属性信息后，要为该表和相应的要素类建立关系类，如图 6.30 所示。

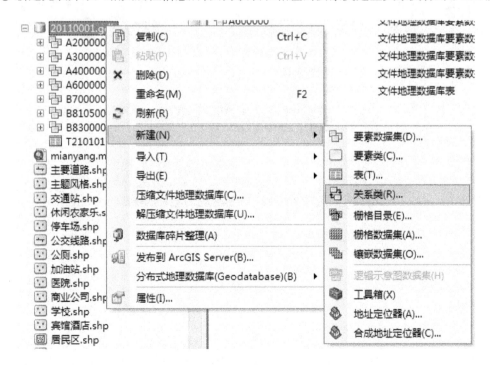

图 6.30　新建关系类

② 为关系类命名，选择相关联的表和要素类，选择关系类型，指定表间关系为一对一，为两个表的连接指定主键，如图 6.31～6.37 所示。

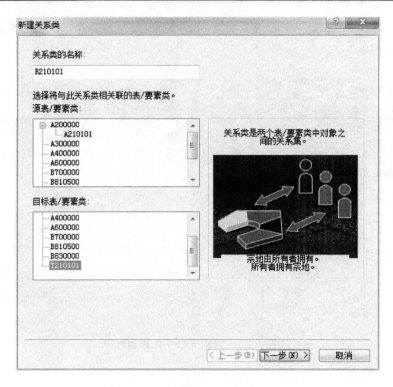

图 6.31　选择相关联的表和要素类

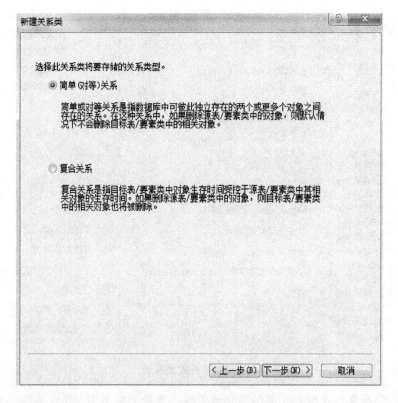

图 6.32　选择关系类的类型

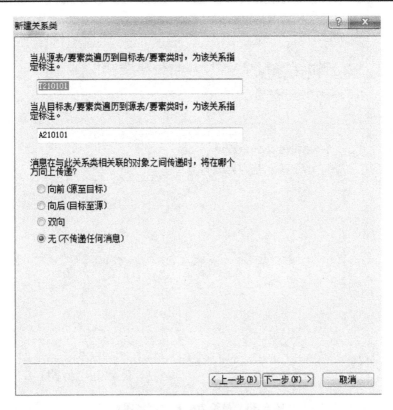

图 6.33 选择信息传递方向

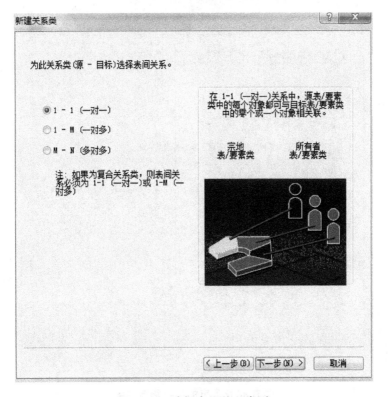

图 6.34 选择表间关系类型

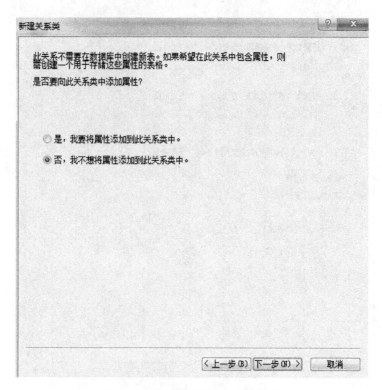

图 6.35　是否为关系类添加属性

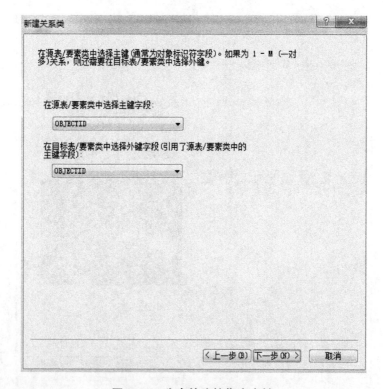

图 6.36　为表的连接指定主键

实验六 建立 Geodatabase 数据库之空间数据库设计

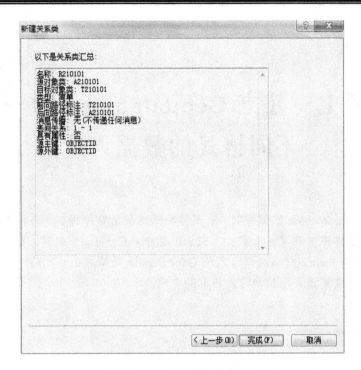

图 6.37 完成新建关系类

③ 点击【完成】后，可在 ArcCatalog 中看到新建的关系类，如图 6.38 所示。

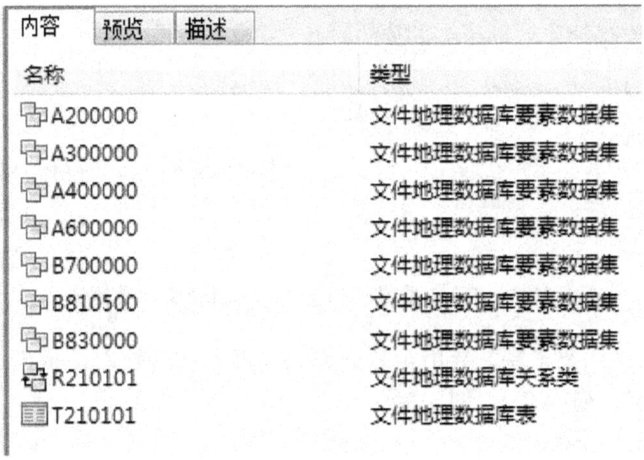

图 6.38 查看新建的关系类

按照以上步骤，为数据库中的表和要素类建立必要的所有关系类。

实验七　建立 Geodatabase 数据库之不同格式的数据入库

如果在建立 Geodatabase 数据库时，有其他格式的矢量数据提供，可将不同格式的数据入库。本次实验要求将提供的 CAD 数据、Shape 数据、Coverage 数据、MapGIS 数据、其他 Geodatabase 数据和 Raster 栅格数据导入到 Geodatabase 数据库中。实验六中是在新建的要素类上加载数据，本次实验采用其他导入数据的方法。

一、CAD 数据转换

除在新建的要素类上可加载 CAD 数据外，还有两种常用方法用于 CAD 数据的转换。
（1）在 CAD 文件上导出。
在 ArcCatalog 中选择要导出的 CAD 数据，点击鼠标右键选择【导出】菜单，如图 7.1 所示。

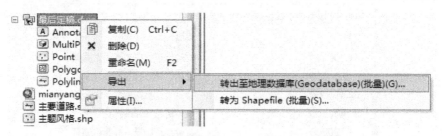

图 7.1　CAD 批量转出至 Geodatabase 数据库

也可选择单个 CAD 要素层，导出至数据库，在打开的转换对话框中设置输入图层、输出要素类的位置和名字，如图 7.2、图 7.3 所示。

图 7.2　CAD 单个转出至 Geodatabase 数据库

图 7.3　设置输入输出参数

（2）在 ArcToolbox 中使用工具进行转换。

在 ArcToolbox 的转换工具——转出至地理数据库的工具中，可选择【CAD 至地理数据库】工具，该工具可将 CAD 数据集整个转入到 Geodatabase 中，如图 7.4 所示。

图 7.4　CAD 至地理数据库工具

要注意的是，CAD 的注记要使用导入 CAD 注记工具，如图 7.5 所示。

图 7.5 导入 CAD 注记

二、Shape 数据、Coverage 数据、其他 Geodatabase 数据和 Raster 栅格数据转换

与 CAD 的转换方法相似，除直接在空要素类上加载这些数据外，常用两种方法转换这些格式的数据，以 Shape 数据为例，如图 7.6、图 7.7 所示。

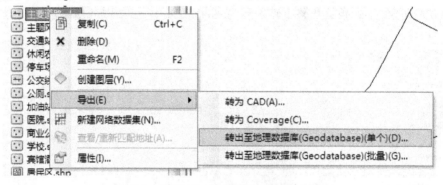

图 7.6 导出 Shape 数据至地理数据库

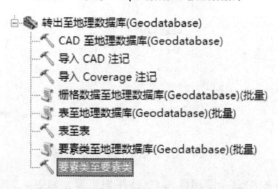

图 7.7 在转换工具箱中选择相应工具

三、MapGIS 数据转换

通常先把 MapGIS 数据转为 Shape 格式，再由 Shape 格式转入 Geodatabase 数据库中，以 MapGIS6.7 为例，打开文件转换程序，如图 7.8 所示。

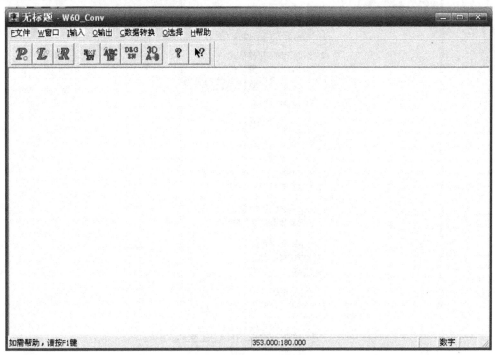

图 7.8　文件转换程序

在文件菜单中装入要转换的 MapGIS 数据，如图 7.9 所示。

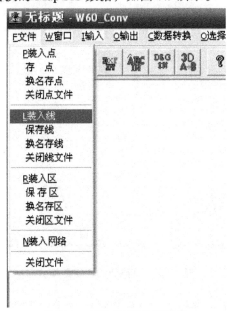

图 7.9　装入要转换的数据

在输出菜单中选择【输出 SHAPE 文件】,并保存,如图 7.10、图 7.11 所示。

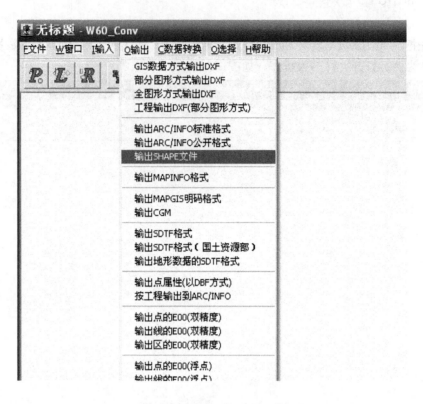

图 7.10　输出 SHAPE 文件

图 7.11　保存为 SHAPE 格式

实验八　建立 Geodatabase 数据库之图形数据配准

如果 Geodatabase 数据库中要求输入的某些矢量数据没有现成的，需要我们进行矢量化入库。在图纸扫描后，需要进行配准，再进行矢量化，本次实验要求完成提供的宁夏交通图的配准。

所有图件扫描后都必须经过配准，对扫描后的栅格图进行检查，以确保矢量化工作顺利进行。对影像的配准有很多方法，下面介绍一种常用方法。

（1）打开 ArcMap，增加地理配准工具条。

在 ArcMap 工具栏的空白处单击右键，在菜单中选取【地理配准】，ArcMap 的界面上就会出现地理配准工具条，如图 8.1、图 8.2 所示。

图 8.1　选取地理配准

图 8.2 地理配准工具条

（2）把需要进行配准的影像增加到 ArcMap 中，会发现地理配准工具条中的工具被激活。地理配准工具条在 ArcMap 未加载栅格图时处于未激活状态，只有在加载栅格图后，才会处于激活状态，如图 8.3 所示，即可对导入的栅格图宁夏交通图.jpg 文件进行配准。

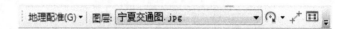

图 8.3 激活配准工具条

（3）在配准时需要知道一些特殊点的坐标。一般选取经纬网的交点或明显的特征点，这些点应该均匀分布。可以通过如下方法输入已知坐标的精确点。

建立一个文本文件，输入如下数值：

x，y
107，39.5
107.5，36
105，39
104.5，36.5

其中，x 表示经度，y 表示纬度，上述数值是宁夏交通图中处于 4 个边角位置的经纬网交点的经纬度，至少要选取 4 个点。

保存文本文件，选择【文件】菜单中的【添加数据】→【添加 XY 数据】选项，如图 8.4 所示。

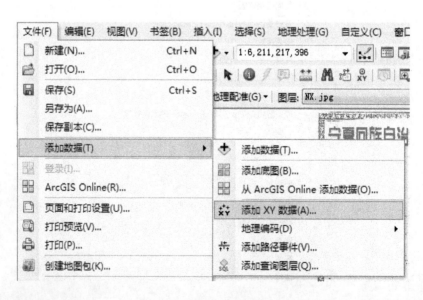

图 8.4 添加 XY 数据

实验八 建立 Geodatabase 数据库之图形数据配准

在打开的对话框中,选择刚建好的 txt 文本,指定相应的坐标字段,如图 8.5 所示。

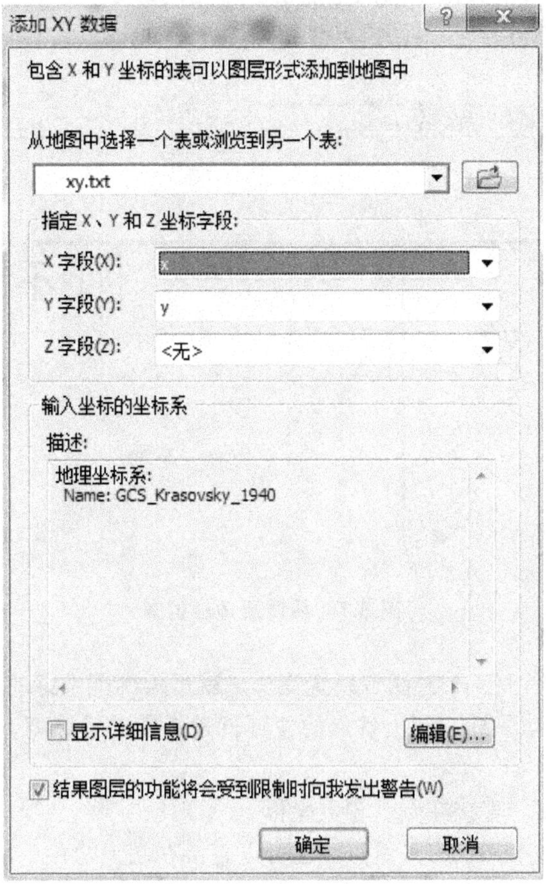

图 8.5 选取记事本文件

(4)点击确定后,会在 ArcMap 中显示一个包括 4 个点的矢量图层,将 4 个点在显示窗口中放大到合适位置,选择地理配准工具中的【适应显示范围】,如图 8.6 所示。

图 8.6 适应显示范围

最终可将矢量点和栅格图大致调整到近似的相应位置。

（5）在地理配准工具条上，点击【添加控制点】按钮，使用该工具在扫描图上精确找到一个经纬点点击，再在对应矢量经纬点上点击。用相同的方法，在影像上增加多个经纬点，注意经纬点要分布均匀，先点扫描图再点经纬点，如图 8.7 所示。

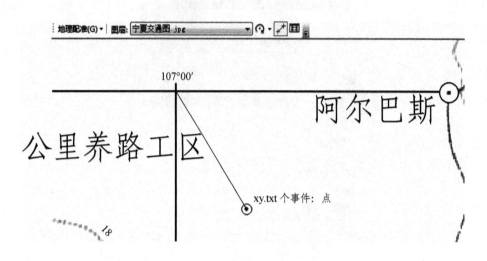

图 8.7 粗调至适应位置

按照以上方法把地图上 4 个控制点设置完毕，就可得到配准好的栅格图。

在配准好的图上移动鼠标，图上各点的位置就是真实的经纬度，可在影像下方的信息栏中看到。

（6）不使用 txt 文本，直接在图上输入坐标。

如果不想使用 txt 文本来输入矢量点，也可以直接在图上输入，在地理配准工具条上，点击【添加控制点】按钮，使用该工具在扫描图上精确找到一个经纬点点击，然后单击鼠标右键，在对话框中输入该点实际的坐标位置，如图 8.8、图 8.9 所示。

图 8.8 输入 X 和 Y 坐标

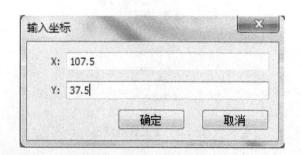

图 8.9 输入控制点经纬度值

用相同的方法，在影像上增加多个控制点，输入它们的实际坐标。

（7）控制点设置完毕后，在地理配准菜单下，点击【更新显示】，如图 8.10 所示，更新后，就变成真实的坐标。

（8）在地理配准菜单下，点击【纠正】，将配准后的影像另存，如图 8.11、图 8.12 所示。

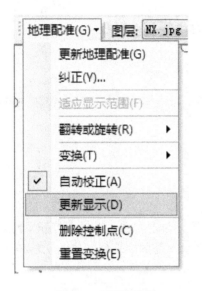
图 8.10　更新显示

图 8.11　纠正

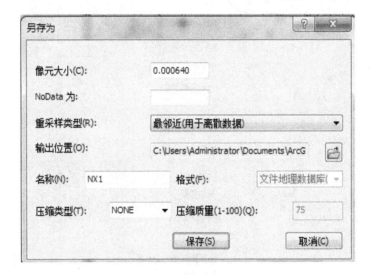
图 8.12　另存纠正后的影像

实验九　建立 Geodatabase 数据库之矢量化数据属性编辑

空间数据导入到数据库中后，要在各个要素类中输入属性数据，要素类属性数据的编辑在 ArcMap 中完成。

一、添加要素的属性项

打开 ArcMap，点取要添加属性的要素的数据层，单击右键，选择【打开属性表】，出现属性表，再单击【表】选项中的【添加字段】，可增加所需的属性项，如图 9.1~9.4 所示。

图 9.1　打开属性表

实验九 建立 Geodatabase 数据库之矢量化数据属性编辑 77

图 9.2 添加字段　　　　　　　图 9.3 添加某一字段

图 9.4 属性表中出现新建的字段

注意：当数据层处于图形编辑（开始编辑）状态,【添加字段】变灰，不可用。

二、删除要素的属性项

如果要删除某个属性项,鼠标放在属性项上,单击右键,出现下拉菜单,单击【删除字段】,如图 9.5 所示。

图 9.5 删除字段

三、增加或修改属性值

设置数据层处于编辑状态,单击【编辑器】的下拉键,点取【开始编辑】,如图 9.6 所示。单击编辑工具,选取某要素,单击右键,出现下拉菜单,单击【属性】,进入属性编辑窗口,即可输入或修改属性值,如图 9.7、图 9.8 所示。

图 9.6 开始编辑

实验九 建立 Geodatabase 数据库之矢量化数据属性编辑

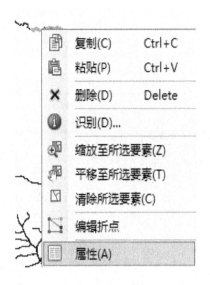

图 9.7 查看属性信息

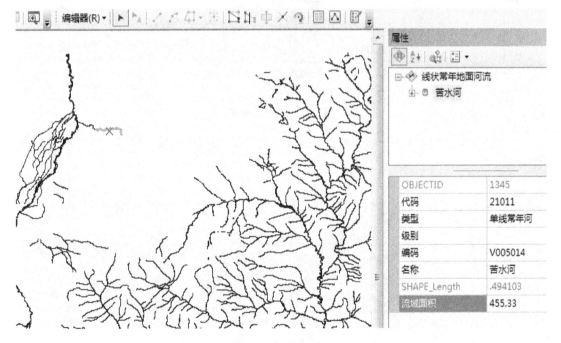

图 9.8 修改属性值

四、编辑属性表

设置数据层处于编辑状态，单击【编辑器】的下拉键，单击【开始编辑】。点取编辑要素的数据层，单击右键，单击【打开属性表】，出现属性表，就可以在属性表里编辑属性，如图 9.9 所示。

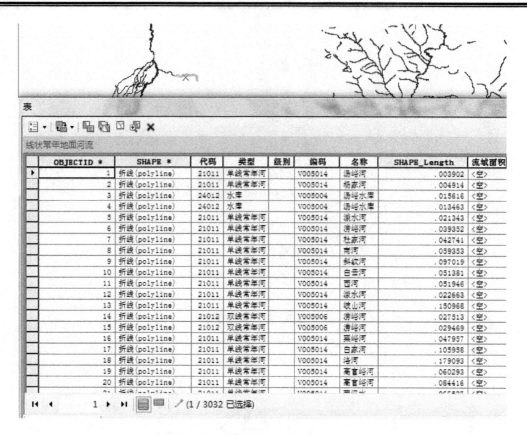

图 9.9　编辑属性表

也可在属性表中选择若干行，地图中会高亮显示所选择的地物，可对应进行编辑，如图 9.10 所示。

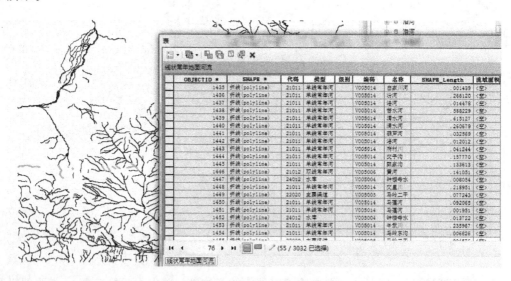

图 9.10　选择若干行编辑

第三部分

空间数据库管理系统开发

- 实验十　AE连接空间数据库

- 实验十一　使用AE对象对空间数据库实现空间数据编辑

- 实验十二　使用AE对象查询空间数据库要素类属性

实验十　AE 连接空间数据库

（1）新建一个 C#项目"空间数据库管理系统"，使用 AE 连接 SanFrancisco.gdb 空间数据库，实现在树状目录显示数据库内容，窗体上主要有 menuStrip、tabControl、axTOCControl、axToolbarControl 和 axMapControl 等主要控件，项目窗体如图 10.1、图 10.2 所示。

图 10.1　窗体主要控件

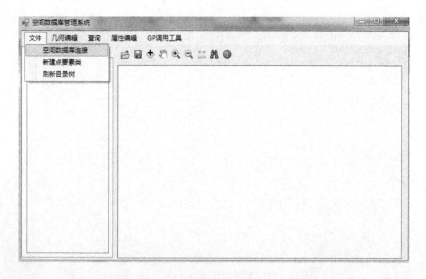

图 10.2　空间数据库管理系统主窗体

① 单击【文件】→【空间数据库连接】选项，弹出一个表示连接成功的对话框，如图 10.3 所示。

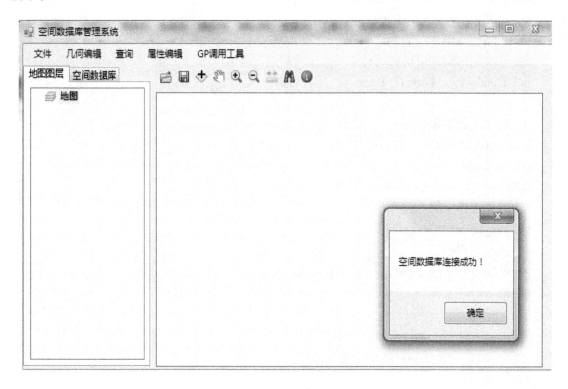

图 10.3 连接数据库成功

程序代码如下：

using System;
using System.IO;
using System.Collections;
using System.Collections.Generic;
using System.ComponentModel;
using System.Data;
using System.Drawing;
using System.Linq;
using System.Text;
using System.Windows.Forms;
using ESRI.ArcGIS.Carto;
using ESRI.ArcGIS.Controls;
using ESRI.ArcGIS.DataSourcesFile;
using ESRI.ArcGIS.DataSourcesGDB;
using ESRI.ArcGIS.Display;

```csharp
using ESRI.ArcGIS.esriSystem;
using ESRI.ArcGIS.Geodatabase;
using ESRI.ArcGIS.Geometry;
using ESRI.ArcGIS.SystemUI;
using ESRI.ArcGIS.DataSourcesRaster;
publicpartialclassForm1: Form
    {
//全局个人数据库目录
string m_FullPath;
//全局数据库名
string m_FullDatasetName;
//当前的工作空间
IWorkspace m_Workspace;
//工作空间列表
ArrayList m_WorkspaceList = newArrayList();
public Form1()
        {
            InitializeComponent();
            m_Workspace = null;
//refreshTree();
        }
privatevoid 空间数据库连接 ToolStripMenuItem_Click(object sender, EventArgs e)
        {
            OpenGeoDatabase();
        }
privatevoid OpenGeoDatabase()
        {
string fileName=@"F:\ArcGIS10\DeveloperKit10.0\Samples\data\SanFrancisco\SanFrancisco.gdb";
FileInfo fileInfo = newFileInfo(fileName);
            m_FullPath = fileInfo.DirectoryName;
            m_FullDatasetName = fileInfo.Name;
IWorkspaceFactory workspaceFactory = newFileGDBWorkspaceFactoryClass();
IWorkspace workspace = workspaceFactory.OpenFromFile(fileName, 0);
if (workspace != null)
        {
            m_Workspace = workspace;
            m_WorkspaceList.Add(workspace);
        }
//refreshTree();
```

```
MessageBox.Show（"空间数据库连接成功！"）；
    }
```

② 在 TabControl 控件中，选择【空间数据库】选项，会出现 SanFrancisco.gdb 的所有内容，展开其中某一个要素数据集，点击其中一个要素类，会在地图窗口显示该要素类的空间数据，如图 10.4 所示。

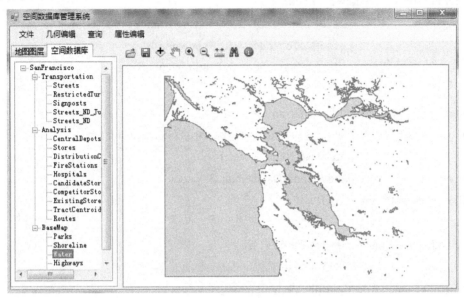

图 10.4 树状目录显示数据

在上述代码的基础上，在 Form1（）和 OpenGeoDatabase（）中添加函数 refreshTree（），用于在树状目录中显示数据库中的所有数据，程序代码如下：

```
privatevoid refreshTree（）
        {
this.treeView1.Nodes.Clear（）；
TreeNode rootNode；
for （int i = 0；i < m_WorkspaceList.Count；i++）
            {
IWorkspace workspace = m_WorkspaceList[i] asIWorkspace；
FileInfo fileInfo = newFileInfo（workspace.PathName）；
string fileName = fileInfo.Name；
                rootNode = newTreeNode（）；
                rootNode.Tag = workspace.PathName；
                rootNode.Name = fileName.Substring（0，fileName.LastIndexOf（'.'））；
                rootNode.Text = fileName.Substring（0，fileName.LastIndexOf（'.'））；
IEnumDatasetName enumFeatureName=
```

```
workspace.get_DatasetNames（esriDatasetType.esriDTFeatureClass）;
                enumFeatureName.Reset（）;
IDatasetName featureName = enumFeatureName.Next（）;
while  （featureName != null）
                {
TreeNode sonNode = newTreeNode（）;
                sonNode.Text = featureName.Name;
                rootNode.Nodes.Add（sonNode）;
                featureName = enumFeatureName.Next（）;
                }
IEnumDatasetName enumDatasetName =
workspace.get_DatasetNames（esriDatasetType.esriDTFeatureDataset）;
                enumDatasetName.Reset（）;
IDatasetName datasetName = enumDatasetName.Next（）;
while  （datasetName != null）
                {
TreeNode childNode = newTreeNode（）;
                childNode.Text = datasetName.Name;
 rootNode.Nodes.Add（childNode）;
IFeatureWorkspace pworkspace = workspace asIFeatureWorkspace;
if  （datasetName != null）
                {
IFeatureDataset pdataset = pworkspace.OpenFeatureDataset（datasetName.Name）;
IEnumDataset penumdataset = pdataset.Subsets;
                penumdataset.Reset（）;
IDataset dataset = penumdataset.Next（）;
while  （dataset != null）
                {
TreeNode grandsonNode = newTreeNode（）;
                    grandsonNode.Text = dataset.Name;
                    childNode.Nodes.Add（grandsonNode）;
                    dataset = penumdataset.Next（）;
                }
                }
                datasetName = enumDatasetName.Next（）;
                }
this.treeView1.Nodes.Add（rootNode）;
```

```
this.treeView1.ExpandAll();
            }
        }
```

选择某个要素类，在地图控件中显示该要素类，程序代码如下：

```
//当前选择节点
publicstaticTreeNode m_CurrentNode;
//当前图层
publicstaticIFeatureLayer m_curFeatureLayer;
IActiveView m_ActiveView;
publicstaticIDataset dataset = null;
privatevoid treeView1_AfterSelect(object sender, TreeViewEventArgs e)
        {
TreeNode tempNode = newTreeNode();
IWorkspace workspace = null;
IEnumDataset enumDataset = null;
IFeatureLayer featureLayer = newFeatureLayerClass();
int i;
            m_CurrentNode = e.Node;
if (e.Node.FirstNode== null)
            {
for (i = 0; i < m_WorkspaceList.Count; i++)
                {
                    workspace = m_WorkspaceList[i] asIWorkspace;
                }

enumDataset = workspace.get_Datasets(esriDatasetType.esriDTFeatureClass);
                enumDataset.Reset();
                dataset = enumDataset.Next();
while (dataset != null)
                {
if (dataset.Name == e.Node.Text)
                    {
                        featureLayer.FeatureClass = dataset asIFeatureClass;
                        m_curFeatureLayer = featureLayer;
                        m_curFeatureLayer.Name = e.Node.Text;
break;
```

```
                    }
                    dataset = enumDataset.Next ( );
                }
IFeatureWorkspace pworkspace = workspace asIFeatureWorkspace;
                enumDataset = null;
                dataset = null;
                    enumDataset = workspace.get_Datasets
( esriDatasetType.esriDTFeatureDataset );
                enumDataset.Reset ( );
                dataset = enumDataset.Next ( );
while  ( dataset != null )
                    {
if  ( dataset.Name == e.Node.Parent.Text )
                        {
IFeatureDataset pdataset =pworkspace.OpenFeatureDataset ( dataset.Name );
IEnumDataset penumdataset = pdataset.Subsets;
                        penumdataset.Reset ( );
IDataset dataset1 = penumdataset.Next ( );
while  ( dataset1 != null )
                            {
if  ( dataset1.Name == e.Node.Text )
                                {
featureLayer.FeatureClass = dataset1 asIFeatureClass;
                                m_curFeatureLayer = featureLayer;
                                m_curFeatureLayer.Name = e.Node.Text;
break;
                                }
                            dataset1 = penumdataset.Next ( );
                            }
break;
                        }
                    dataset = enumDataset.Next ( );
                    }
            }
this.axMapControl1.ClearLayers ( );
this.axMapControl1.AddLayer ( featureLayer asILayer );
this.axMapControl1.Extent = this.axMapControl1.FullExtent;
```

```
            m_ActiveView = this.axMapControl1.ActiveView;
        }
```

（2）选取【文件】菜单中的【新建点要素类】选项，效果为在数据库中直接创建一个点类型的要素类，并在此要素类中设置 ID、Shape 和 Objectid 3 个字段，如图 10.5、图 10.6 所示。

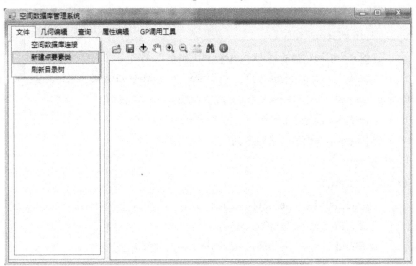

图 10.5　新建点要素类

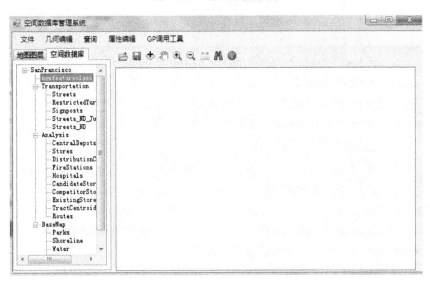

图 10.6　newfeatureclass 已创建好

程序代码如下：

privatevoid 新建点要素类 ToolStripMenuItem_Click（object sender，EventArgs e）
    {
IWorkspace pWS=null；

```csharp
for ( int i = 0; i < m_WorkspaceList.Count; i++ )
    {
        pWS = m_WorkspaceList[i] asIWorkspace;
    }
IFeatureWorkspace pFWS;
    pFWS = pWS asIFeatureWorkspace;
IGeometryDefEdit pGeomDef;
    pGeomDef = newGeometryDefClass ( );
    pGeomDef.GeometryType_2 = esriGeometryType.esriGeometryPoint;
ISpatialReference pSR = newUnknownCoordinateSystemClass ( );
    pSR.SetDomain ( 0, 2000, 0, 2000 );
    pGeomDef.SpatialReference_2 = pSR;
IFieldEdit pField;
IFieldsEdit pFieldsEdit;
    pFieldsEdit = newFieldsClass ( );
    pField = newFieldClass ( );
    pField.Type_2 = esriFieldType.esriFieldTypeGeometry;
    pField.GeometryDef_2 = pGeomDef;
    pField.Name_2 = "Shape";
    pFieldsEdit.AddField ( pField );
    pField = newFieldClass ( );
    pField.Type_2 = esriFieldType.esriFieldTypeDouble;
    pField.Name_2 = "ID";
    pFieldsEdit.AddField ( pField );
    pField = newFieldClass ( );
    pField.Name_2 = "OBJECTID";
    pField.Type_2 = esriFieldType.esriFieldTypeOID;
    pFieldsEdit.AddField ( pField );
IFeatureClass pFeatureClass;
    pFeatureClass = pFWS.CreateFeatureClass ( "newfeatureclass", pFieldsEdit,
null, null, esriFeatureType.esriFTSimple, "Shape", "" );
    refreshTree ( );
}
```

（3）点击刷新目录树，实现目录树刷新功能，程序代码如下：

```csharp
privatevoid 刷新目录树 ToolStripMenuItem_Click ( object sender, EventArgs e )
    {
        refreshTree ( );
    }
```

实验十一　使用 AE 对象对空间数据库实现空间数据编辑

在某个要素类上，可实现新增和删除该要素类所属类型的空间数据的功能，如选取 Hospitals 点要素类，单击【几何编辑】→【增加】后，在地图上点击一下，可新增一个点类型地物，选择【删除】后，在某个点状地物上点击，可删除该地物，如图 11.1 所示。

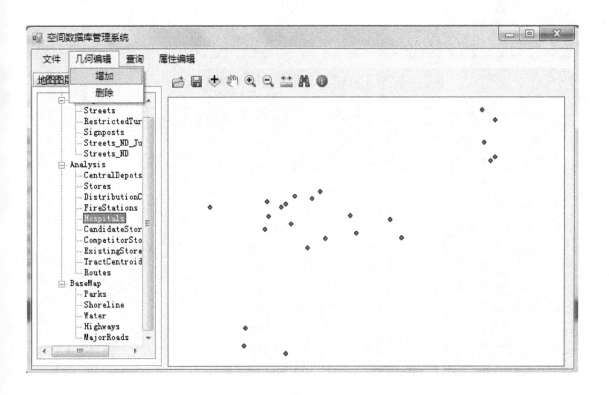

图 11.1　对空间数据进行增删操作

若选择线类型或面类型要素类，也可在该要素类上实现线和面的增加与删除，如图 11.2、图 11.3 所示。

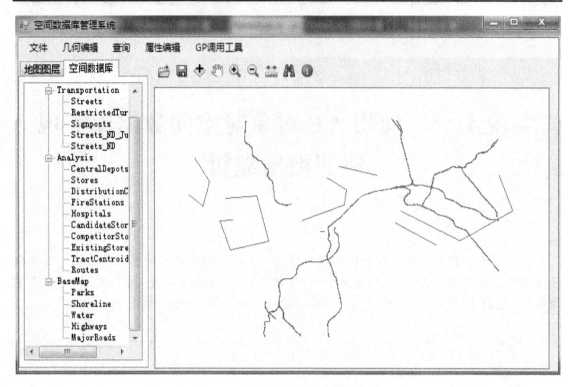

图 11.2 线类型要素类的空间数据编辑

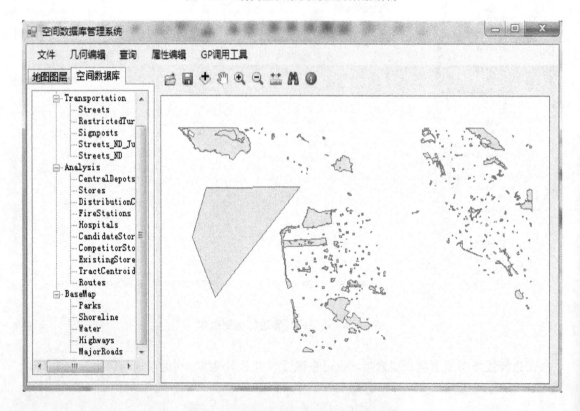

图 11.3 面类型要素类的空间数据编辑

增加和删除功能的程序代码如下：

```csharp
privatevoid 增加 ToolStripMenuItem_Click（object sender，EventArgs e）
        {
if （m_curFeatureLayer.FeatureClass.ShapeType.ToString（）== "esriGeometryPoint"）
            { opType = "addpoint"; }
if （m_curFeatureLayer.FeatureClass.ShapeType.ToString（）== "esriGeometryPolyline"）
            { opType = "addline"; }
if （m_curFeatureLayer.FeatureClass.ShapeType.ToString（）== "esriGeometryPolygon"）
            { opType = "addpolygon"; }
        }
privatevoid 删除 ToolStripMenuItem_Click（object sender，EventArgs e）
        {
if （m_curFeatureLayer.FeatureClass.ShapeType.ToString（）== "esriGeometryPoint"）
            { opType = "delpoint"; }
if （m_curFeatureLayer.FeatureClass.ShapeType.ToString（）== "esriGeometryPolyline"）
            { opType = "delline"; }
if （m_curFeatureLayer.FeatureClass.ShapeType.ToString（）== "esriGeometryPolygon"）
            { opType = "delpolygon"; }
```

激活增加或删除功能后，都要在地图上进行点击操作，以实现增加或删除空间数据的目的，程序代码如下：

```csharp
string opType;
INewLineFeedback m_NewLineFeedback = null;
INewPolygonFeedback m_NewPolygonFeedback = null;
privatevoid axMapControl1_OnMouseDown（object sender，
IMapControlEvents2_OnMouseDownEvent e）
        {
IPoint point = m_ActiveView.ScreenDisplay.DisplayTransformation.ToMapPoint（e.x, e.y）;
IGeometry geometry;
object missing1 = Type.Missing;
object missing2 = Type.Missing;
switch （opType）
            {
case"addpoint":
```

```
                    geometry = point asIGeometry;
                    addFeature ( geometry );
                    m_ActiveView.Refresh ( );
        break;
        case"addline":
        if ( m_NewLineFeedback == null )
                {
                    m_NewLineFeedback = newNewLineFeedbackClass ( );
                    m_NewLineFeedback.Display = m_ActiveView.ScreenDisplay;
                    m_NewLineFeedback.Start ( point );
                }
        else
                {
                    m_NewLineFeedback.AddPoint ( point );
                    m_NewLineFeedback.Refresh ( 0 );    ;
                }
                    m_ActiveView.Refresh ( );
        break;
        case"addpolygon":
        if ( m_NewPolygonFeedback == null )
                {
                    m_NewPolygonFeedback = newNewPolygonFeedbackClass( );
                    m_NewPolygonFeedback.Display =
        m_ActiveView.ScreenDisplay;
                    m_NewPolygonFeedback.Start ( point );
                }
        else
                {
                    m_NewPolygonFeedback.AddPoint ( point );
                    m_NewPolygonFeedback.Refresh ( 0 );    ;
                }
                    m_ActiveView.Refresh ( );
        break;
        case"delpoint":
                    delFeature ( point );
            m_ActiveView.Refresh ( );
```

```
            break;
case"delline":
                       delFeature ( point );
                       m_ActiveView.Refresh ( );
            break;
case"delpolygon":
                       delFeature ( point );
                       m_ActiveView.Refresh ( );
            break;
                }
            }
```

当需要增加线或面时，鼠标在点击生成第一个点后，移动鼠标再点击地图，以生成更多的点，鼠标移动事件的函数如下：

```
privatevoid axMapControl1_OnMouseMove ( object sender,
ESRI.ArcGIS.Controls.IMapControlEvents2_OnMouseMoveEvent e )
            {
//将当前鼠标位置的点转换为地图上的坐标
IPoint point = m_ActiveView.ScreenDisplay.DisplayTransformation.ToMapPoint ( e.x, e.y );
switch  ( opType )
                {
case"addline":
if  ( m_NewLineFeedback != null )
                       {
                            m_NewLineFeedback.MoveTo ( point );
                       }
break;
case"addpolygon":
if  ( m_NewPolygonFeedback != null )
                       {
                            m_NewPolygonFeedback.MoveTo ( point );
                       }
break;
                }
            }
```

完成线和面的编辑后,双击鼠标结束编辑,双击鼠标的事件驱动函数如下:

```
privatevoid axMapControl1_OnDoubleClick(object sender,
ESRI.ArcGIS.Controls.IMapControlEvents2_OnDoubleClickEvent e)
        {
IPoint point = m_ActiveView.ScreenDisplay.DisplayTransformation.ToMapPoint(e.x, e.y);
IGeometry resultGeometry;
IGroupElement groupElement;
ISimpleLineSymbol simpleLineSymbol;
IRgbColor rgbColor;
IElement element;
switch (opType)
            {
case"addline":
                groupElement = newGroupElementClass();

                resultGeometry = m_NewLineFeedback.Stop();
                addFeature(resultGeometry);
                m_NewLineFeedback = null;
IPolyline polyline = resultGeometry asIPolyline;
//设置线型
                rgbColor = newRgbColorClass();
                rgbColor.Red = 0;
                rgbColor.Green = 120;
                rgbColor.Blue = 0;
                simpleLineSymbol = newSimpleLineSymbolClass();
                simpleLineSymbol.Color = rgbColor asIColor;
                simpleLineSymbol.Width = 1.5;
                simpleLineSymbol.Style = esriSimpleLineStyle.esriSLSSolid;
ILineElement lineElement = newLineElementClass();
                lineElement.Symbol = simpleLineSymbol asILineSymbol;
                element = lineElement asIElement;
                element.Geometry = polyline asIGeometry;
                groupElement.AddElement(element);
break;
case"addpolygon":
```

```
                    groupElement = newGroupElementClass ( );
                    resultGeometry = m_NewPolygonFeedback.Stop ( );
                    addFeature ( resultGeometry );
                    m_NewPolygonFeedback = null;
IPolygon polygon = resultGeometry asIPolygon;
//设置线型
                    rgbColor = newRgbColorClass ( );
                    rgbColor.Red = 0;
                    rgbColor.Green = 120;
                    rgbColor.Blue = 0;
                    simpleLineSymbol = newSimpleLineSymbolClass ( );
                    simpleLineSymbol.Color = rgbColor asIColor;
                    simpleLineSymbol.Width = 1.5;
                    simpleLineSymbol.Style = esriSimpleLineStyle.esriSLSSolid;
IRgbColor rgbColor2 = newRgbColorClass ( );
                    rgbColor2.Red = 0;
                    rgbColor2.Green = 120;
                    rgbColor2.Blue = 0;
ISimpleFillSymbol simpleFillSymbol = newSimpleFillSymbolClass ( );
                    simpleFillSymbol.Outline = simpleLineSymbol;
                    simpleFillSymbol.Style = esriSimpleFillStyle.esriSFSCross;
                    simpleFillSymbol.Color = rgbColor2;
IPolygonElement polygonElement = newPolygonElementClass ( );
                    element = polygonElement asIElement;
                    element.Geometry = polygon asIGeometry;
                    groupElement.AddElement ( element );
break;
            }
this.axMapControl1.Map.ClearSelection ( );
            m_ActiveView.Refresh ( );
        }
//添加新实体
privatevoid addFeature ( IGeometry geometry )
        {
IWorkspaceEdit workspaceEdit;
// IFeatureCursor insertFeatureCursor;
```

```csharp
            IDataset dataset = m_curFeatureLayer.FeatureClass asIDataset;
            workspaceEdit = dataset.Workspace asIWorkspaceEdit;
try
            {
//开始编辑
                workspaceEdit.StartEditing（true）;
                workspaceEdit.StartEditOperation（）;
IFeature feature = m_curFeatureLayer.FeatureClass.CreateFeature（）;
                feature.Shape = geometry;
                feature.Store（）;
//结束编辑
                workspaceEdit.StopEditOperation（）;
                workspaceEdit.StopEditing（true）;
            }
catch （Exception ex）
                {
MessageBox.Show（ex.ToString（））;
                }
                workspaceEdit = null;
            }
//删除实体
privatevoid delFeature（IPoint point）
                {
IFeatureCursor featureCursor = selectFeature（point）;
IFeature feature;
                feature = featureCursor.NextFeature（）;
IWorkspaceEdit workspaceEdit;
IDataset dataset = m_curFeatureLayer.FeatureClass asIDataset;
            workspaceEdit = dataset.Workspace asIWorkspaceEdit;
try
            {
//开始编辑
                workspaceEdit.StartEditing（true）;
                workspaceEdit.StartEditOperation（）;
while （feature != null）
                {
```

```csharp
//删除实体
                        feature.Delete();
                        feature = null;
                        feature = featureCursor.NextFeature();

                    }
                    featureCursor.Flush();
//结束编辑
                    workspaceEdit.StopEditOperation();
                    workspaceEdit.StopEditing(true);
                }
catch(Exception ex)
                {
MessageBox.Show(ex.ToString());
                }
            }

privateIFeatureCursor selectFeature(IPoint point)
            {
ITopologicalOperator topologicalOperator;
                topologicalOperator = point asITopologicalOperator;
IGeometry geometry;
double bufferLength = ConvertPixelsToMapUnits(m_ActiveView, 8);
                geometry = topologicalOperator.Buffer(bufferLength);
ISpatialFilter spatialFilter = newSpatialFilterClass();
                spatialFilter.SpatialRel =
esriSpatialRelEnum.esriSpatialRelEnvelopeIntersects;
                spatialFilter.Geometry = geometry;
                spatialFilter.GeometryField =
m_curFeatureLayer.FeatureClass.ShapeFieldName;
                spatialFilter.WhereClause = "";
IFeatureCursor featureCursor;
                featureCursor=m_curFeatureLayer.FeatureClass.Search(spatialFilter, false);
return featureCursor;
            }
//转换像素到地图单位
```

```
privatedouble ConvertPixelsToMapUnits ( IActiveView pActiveView, double pixelUnits )
    {
tagRECT pRect = pActiveView.ScreenDisplay.DisplayTransformation.get_DeviceFrame ( );
int pixelExtent = pRect.right - pRect.left;
double realWorldDisplayExtent =
pActiveView.ScreenDisplay.DisplayTransformation.VisibleBounds.Width;
double sizeOfOnePixel = realWorldDisplayExtent / pixelExtent;
return pixelUnits * sizeOfOnePixel;
    }
```

实验十二 使用 AE 对象查询空间数据库要素类属性

查看选中要素类的属性表,如图 12.1、图 12.2 所示。

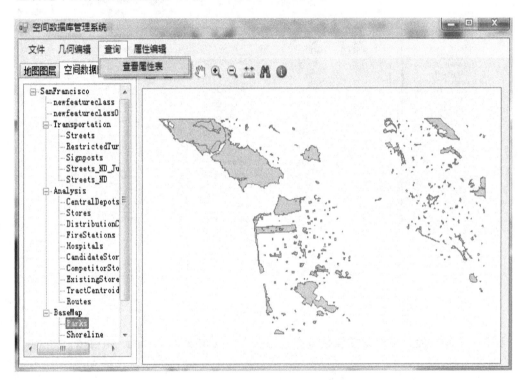

图 12.1 选取某一要素类后查看属性表

程序代码如下:

```
privatevoid 查看属性表 ToolStripMenuItem_Click ( object sender, EventArgs e )
        {
Form2 f2 = newForm2 ( );
            f2.Show ( );
        }
```

Form2 窗口中的程序代码如下:

```
        IQueryFilter pQueryfilter；
public Form2（）
            {
                    InitializeComponent（）；
ILayer pLayer = Form1.m_curFeatureLayer asILayer；
                    CreateAttributeTable（pLayer，pQueryfilter）；
            }
```

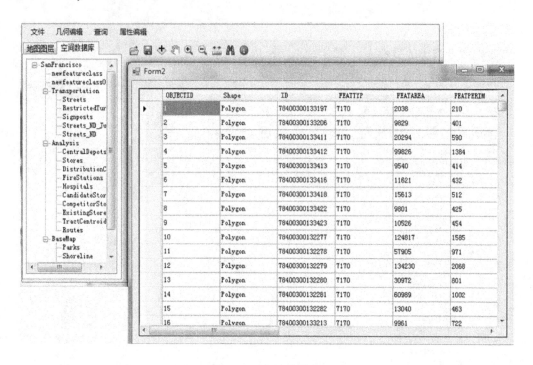

图 12.2　显示属性表

创建一个属性表，将要素类属性填充到该表，并绑定该表到 DataGridView。

```
publicDataTable attributeTable；
publicvoid CreateAttributeTable（ILayer pLayer，IQueryFilter pQueryfilter）
            {
string tableName；
                    tableName = getValidFeatureClassName（pLayer.Name）；
                    attributeTable = CreateDataTable（pLayer，tableName，pQueryfilter）；
                    dataGridView1.DataSource = null；
                    dataGridView1.DataSource = attributeTable；
            }
publicstaticstring getValidFeatureClassName（string FCname）
            {
```

```csharp
int dot = FCname.IndexOf(".");
if (dot != -1)
        {
return FCname.Replace(".", "_");
        }
return FCname;
            }

publicstaticDataTable CreateDataTable(ILayer pLayer, string tableName, IQueryFilter pQueryfilter)
            {
//创建空 DataTable
DataTable pDataTable = CreateDataTableByLayer(pLayer, tableName);
//取得图层类型
string shapeType = getShapeType(pLayer);
//创建 DataTable 的行对象
DataRow pDataRow = null;
//从 ILayer 查询到 ITable
ITable pTable = pLayer asITable;
ICursor pCursor = pTable.Search(pQueryfilter, false);
//取得 ITable 中的行信息
IRow pRow = pCursor.NextRow();
int n = 0;
while (pRow != null)
            {
//新建 DataTable 的行对象
                pDataRow = pDataTable.NewRow();
for (int i = 0; i < pRow.Fields.FieldCount; i++)
                {
//如果字段类型为 aesriFieldTypeGeometry，则根据图层类型设置字段值
if (pRow.Fields.get_Field(i).Type == esriFieldType.esriFieldTypeGeometry)
                    {
                        pDataRow[i] = shapeType;
                    }
//当图层类型为 Anotation 时要素类中会有 DesriFieldTypeBlob 类型的数据
//其存储的是标注内容，如此情况需将对应的字段值设置为 aElement
else if (pRow.Fields.get_Field(i).Type == esriFieldType.esriFieldTypeBlob)
                    {
                        pDataRow[i] = "Element";
```

```
                    }
        else
                {
                        pDataRow[i] = pRow.get_Value（i）;
                }
        }
//添加 DataRow 到 DataTable
                pDataTable.Rows.Add（pDataRow）;
                pDataRow = null;
                n++;
//为保证效率，一次只装载最多条记录
        if （n == 2000）
                {
                        pRow = null;
                }
        else
                {
                        pRow = pCursor.NextRow（）;
                }
        }
return pDataTable;
        }
        }
```

创建一个设置好字段的空表，程序代码如下：

```
privatestaticDataTable CreateDataTableByLayer（ILayer pLayer，string tableName）
        {
DataTable pDataTable = newDataTable（tableName）;
ITable pTable = pLayer asITable;
IField pField = null;
DataColumn pDataColumn;
for （int i = 0; i < pTable.Fields.FieldCount; i++）
                {
                        pField = pTable.Fields.get_Field（i）;
                        pDataColumn = newDataColumn（pField.Name）;
        if （pField.Name == pTable.OIDFieldName）
                        {
                                pDataColumn.Unique = true;
```

```
                }
                pDataColumn.AllowDBNull = pField.IsNullable;
                pDataColumn.Caption = pField.AliasName;
                pDataColumn.DataType=
System.Type.GetType（ParseFieldType（pField.Type））;
                pDataColumn.DefaultValue = pField.DefaultValue;
if （pField.VarType == 8）
                {
                    pDataColumn.MaxLength = pField.Length;
                }
                pDataTable.Columns.Add（pDataColumn）;
                pField = null;
                pDataColumn = null;
            }
return pDataTable;
        }
```

在 CreateDataTableByLayer 函数中将 Geodatabase 数据类型转换为.NET 相应的数据类型，程序代码如下：

```
publicstaticstring ParseFieldType（esriFieldType fieldType）
        {
switch （fieldType）
            {
caseesriFieldType.esriFieldTypeBlob：
return"System.String";
caseesriFieldType.esriFieldTypeDate：
return"System.DateTime";
caseesriFieldType.esriFieldTypeDouble：
return"System.Double";
caseesriFieldType.esriFieldTypeGeometry：
return"System.String";
caseesriFieldType.esriFieldTypeGlobalID：
return"System.String";
caseesriFieldType.esriFieldTypeGUID：
return"System.String";
caseesriFieldType.esriFieldTypeInteger：
return"System.Int32";
caseesriFieldType.esriFieldTypeOID：
```

```
            return"System.String";
caseesriFieldType.esriFieldTypeRaster：
return"System.String";
caseesriFieldType.esriFieldTypeSingle：
return"System.Single";
caseesriFieldType.esriFieldTypeSmallInteger：
return"System.Int32";
caseesriFieldType.esriFieldTypeString：
return"System.String";
default：
return"System.String";
            }
        }
```

CreateDataTable 函数中获得图层的 Shape 类型代码

```
publicstaticstring getShapeType（ILayer pLayer）
        {
IFeatureLayer pFeatLyr =（IFeatureLayer）pLayer；
switch（pFeatLyr.FeatureClass.ShapeType）
            {
caseesriGeometryType.esriGeometryPoint：
return"Point";
caseesriGeometryType.esriGeometryPolyline：
return"Polyline";
caseesriGeometryType.esriGeometryPolygon：
return"Polygon";
default：
return"";
            }
        }
```

附 录

实验二、实验三参考答案

- 附录1 实验二参考答案
- 附录2 实验三参考答案

附录1　实验二参考答案

（1）、（2）、（4）使用 SQL 创建数据库，创建表，录入数据：

create database 学生课程；
use 学生课程；
create table Student （
学号 char（8） primary key，
姓名 char（4），
性别 char（2），
年龄 int，
专业 char（12），
班级 char（10）
）；
insert into Student values（'20110001'，'高佩'，'男'，19，'地理信息科学'，'地理 1001 班'）；
insert into Student values（'20110002'，'刘国'，'男'，21，'地理信息科学'，'地理 1002 班'）；
insert into Student values（'20110003'，'李维'，'女'，20，'测绘工程'，'测绘 1001 班'）；
insert into Student values（'20110004'，'曾雨'，'女'，18，'测绘工程'，'测绘 1002 班'）；
insert into Student values（'20110005'，'吴昊'，'男'，20，'采矿工程'，'采矿 1001 班'）；
insert into Student values（'20110006'，'杨萌'，'男'，20，'采矿工程'，'采矿 1002 班'）；

create table Teacher（
工号 char（3） primary key，
姓名 char（4），
性别 char（2），
年龄 int ，
职称 char（6），
专业 char（12）
）；
insert into Teacher values（'111'，'夏青'，'男'，32，'副教授'，'地理信息科学'）；
insert into Teacher values（'128'，'陈志'，'男'，33，'讲师'，'测绘工程'）；
insert into Teacher values（'129'，'王红'，'女'，38，'教授'，'测绘工程'）；
insert into Teacher values（'133'，'武强'，'女'，22，'助教'，'采矿工程'）；

```sql
create table Course （
课程号 char（9） primary key,
课程名 char（12），
工号 char（3），
    foreign key（工号） references Teacher（工号）
);
insert into Course values（'133991000', '空间数据库', '128'）;
insert into Course values（'133990010', '网络 GIS', '128'）;
insert into Course values（'134999002', '数字高程模型', '133'）;
insert into Course values（'133992033', '空间分析', '111'）;
insert into Course values（'133992031', '控制测量', '129'）;

create table SC（
学号 char（8），
课程号 char（9），
    primary key（学号，课程号），
成绩 int,
    foreign key（学号） references Student（学号），
    foreign key（课程号） references Course（课程号）
);
insert into SC values（'20110001', '133991000', 86）;
insert into SC values（'20110002', '133991000', 75）;
insert into SC values（'20110001', '133990010', 68）;
insert into SC values（'20110002', '133990010', 92）;
insert into SC values（'20110003', '133990010', 88）;
insert into SC values（'20110001', '134999002', 76）;
insert into SC values（'20110002', '134999002', 64）;
insert into SC values（'20110004', '134999002', 91）;
insert into SC values（'20110003', '133992033', 78）;
insert into SC values（'20110004', '133992033', 85）;
insert into SC values（'20110005', '133992031', 79）;
insert into SC values（'20110006', '133992031', 81）;
```

（3）利用 SQL 语言为 SC 表建立索引。
按学号升序和课程号降序建立唯一索引。

```sql
create unique index SCno
    on SC （学号，课程号 desc）;
```

（5）利用 SQL 语言对数据库进行如下单表查询。
① 查询全体学生的学号、姓名、性别、班级。

select 学号，姓名，性别，班级
from Student;

② 查询学生表中的全部信息。

select *
from Student;

③ 查询地理信息科学、测绘工程专业学生的姓名、性别和班级。

select 姓名，性别，班级
from Student where 专业='地理信息科学' or 专业='测绘工程';

④ 查询所有姓"李"学生的姓名、学号和性别。

select 姓名，学号，性别
from Student
where rtrim（姓名） like '李%';

⑤ 查询姓"刘"且全名为两个汉字的学生的姓名。

select 姓名
from Student
where rtrim（姓名） like '刘_';

⑥ 查询所有不姓"刘"的学生姓名。

select 姓名
from Student
where rtrim（姓名） not like '刘%';

⑦ 查询年龄不在 18~20 岁的学生姓名、专业和出生年份（结果不包括 18 岁和 20 岁）。

select 姓名，专业，2014-年龄出生年
from Student
where 年龄 not between 18 and 20;

⑧ 查询选修了 133991000 课程的学生的学号及其成绩，查询结果按分数降序排列，没有成绩的同学不出现在结果中。

select 学号，成绩
from SC
where 课程号='133991000' and 成绩 is not null
order by 成绩 desc；

⑨ 查询学生表中的全部信息，查询结果按系升序排列，同一系中的学生按学号降序排列。

select*
from Student
order by 专业，学号 desc；

⑩ 查询选修了课程的学生人数。

select count（distinct 学号）选课人数
from SC；

⑪ 计算 133991000 课程的学生平均成绩。

select avg（成绩）平均分
from SC
where 课程号='133991000'；

⑫ 查询选修了 2 门以上课程的学生学号。

select 学号
from SC
group by 学号
having count（*）>2；

⑬ 查询选修了 133991000 课程且成绩低于 80 分的学生的学号。

select 学号
from SC
where 课程号='133991000' and 成绩<80；

附录2　实验三参考答案

（1）利用SQL语言对学生课程数据库进行如下多表查询。

① 查询选修了课程134999002且成绩在60~80分（包括分60和80分）的所有学生记录（不要重复的列）。

select Student.*，SC.成绩，Course.课程名，Course.课程号，Course.工号
from SC，Student，Course
where SC.学号=Student.学号 and SC.课程号=Course.课程号 and SC.课程号='134999002' and 成绩 between 60 and 80；

② 查询成绩为85分、86分或88分的学生的所有记录（不要重复的列）。

select Student.*，SC.成绩，Course.课程名，Course.课程号，Course.工号
from SC，Student，Course
where SC.学号=Student.学号 and SC.课程号=Course.课程号 and 成绩 in('85','86','88')；

③ 查询地理1101班的学生人数（列名为"学生人数"）。

select count（*）学生人数
from Student
where 班级='地理1101班'；

④ 查询平均分大于80分的学生的学号、平均成绩。

select 学号，avg（成绩）平均成绩
from SC
group by 学号
having avg（成绩）>80；

⑤ 查询地理1101班每个学生所选课程的平均分和学号（使用两种方法：嵌套查询和连接查询）。

select 学号，avg（成绩）平均成绩
from SC

where 学号 in（select 学号 from Student where 班级 = '地理1101班'）
group by 学号；
select SC.学号，avg（成绩）平均成绩
from SC，Student
where SC.学号=Student.学号 and 班级 = '地理1101班'
group by SC.学号；

⑥ 以选修课程 134999002 为例，查询成绩高于学号为 20110001 同学的所有学生的学生表中的所有记录（使用嵌套查询，层层深入）。

select *
from Student
where 学号 in
（select 学号 from SC where 课程号='134999002' and 成绩>（select 成绩 from SC where 学号='20110001' and 课程号='134999002'））；

⑦ 查询与学号为 20110003 的同学同岁的所有学生的学号、姓名和年龄（使用两种方法：嵌套查询和自身连接查询）。

select x.学号，x.姓名，x.年龄
from Student x，Student y
where x.年龄=y.年龄 and y.学号='20110003'
select 学号，姓名，年龄
from Student
where 年龄 in （select 年龄 from Student where 学号='20110003'）；

⑧ 查询选修其课程的学生人数多于 2 人的教师姓名。

select 姓名 as 教师姓名
from teacher
where 教师号 in
（select 教师号 from Course where 课程号 in （select 课程号 from SC group by 课程号 having count（*）>2））；

⑨ 查询选修课程 134999002 的成绩比课程 134999002 的平均成绩低的学生的学号、课程号、成绩。

select *
from SC

where 成绩<（select avg（成绩）from SC where 课程号='134999002'）and 课程号='134999002';

⑩ 列出至少有 2 名女生的专业名。

select 专业
from Student
where 性别='女'
group by 专业
having count（*）>= 2；

⑪ 查询每门课程最高分的学生的学号、课程号、成绩。

select b.学号，a.课程号，a.成绩
from（select max（成绩）成绩，课程号 from SC group by 课程号）as a，SC as b
where a.课程号=b.课程号 and a.成绩=b.成绩

⑫ 查询选修"空间数据库"课程的"男"同学的成绩表。

select *
from SC
where 课程号=（select 课程号 from Course where 课程名='空间数据库'）
and 学号 in （select 学号 from Student where 性别='男'）；

（2）利用 SQL 语言对学生课程数据库进行如下更新操作。
① 对每一个学生，求其选修课程的平均分，并将此结果存入数据库，运用批处理一次运行所有语句。

create table Agrade（学号 char（8） primary key，
平均成绩 int）；
insert
into Agrade
select 学号，avg（成绩）
from sc
group by 学号
go

② 将 Student 表中学号为 20110002 的元组的年龄属性值改为 22，班级属性值改为地理1101 班。

```
update student
set 年龄=22, 班级='地理 1101 班'
where 学号='20110002'
```

③ 将 SC 表中所有成绩低于 70 分的学生的成绩属性值统一修改为 0。

```
update SC
set 成绩=0
where 成绩<70
```

④ 将 Student 表中姓名属性名含有"李"或"国"的相应年龄属性值增加 1。

```
update Student
set 年龄=年龄+1
where 姓名 like '%李%' or 姓名 like '%国%'
```

⑤ 将学生名为"曾雨"选修的课程 134999002 的成绩修改为 100。

```
update sc
set 成绩=100
where 课程号='134999002' and 学号=（select 学号
                              from student
                              where 姓名='曾雨'）
```

（3）使用 T-SQL 语言的控制语句对学生课程数据库进行如下操作。

① 根据 SC 表中的考试成绩，查询地理 1101 班学生课程 133990010 的平均成绩，若平均成绩大于 75 分，输出地理 1101 班网络 GIS 的平均成绩比较理想，并输出平均成绩；若低于 75 分，输出地理 1101 班网络 GIS 的平均成绩不太理想，并输出平均成绩。

```
if（select avg（成绩）from sc where 课程号='133990010' and 学号 in
（select 学号 from student where 班级='地理 1101 班'））>75
  begin
    print '地理 1101 班网络 GIS 的平均成绩比较理想！'
    print ' '
    select avg（成绩）from sc where 课程号='133990010' and 学号 in（select 学号 from student where 班级='地理 1101 班'）
  end
  else
   begin
```

　　　　print '地理 1101 班网络 GIS 的平均成绩不太理想！'
　　　　print ' '
　　　　select avg（成绩）from sc where 课程号='133990010' and 学号 in（select 学号 from student where 班级='地理 1101 班'）
　　　　end

　　② 查询地理 1101 班学生的考试情况，并使用 CASE 语句将课程号替换为课程名显示，即输出学号、课程名、成绩。

　　select 学号,
　　课程名称=case 课程号
　　　　　　when '133990010' then '网络 GIS'
　　　　　　when '133991000' then '空间数据库'
　　　　　　when '133992031' then '控制测量'
　　　　　　when '133992033' then '空间分析'
　　　　　　when '134999002' then '数字高程模型'
　　　　　　end,
　　成绩
　　from sc
　　where 学号 in（select 学号 from student where 班级='地理 1101 班'）

参考文献

[1] 王珊，萨师煊. 数据库系统概论[M]. 4 版. 北京：高等教育出版社，2006.
[2] 赵杰，李涛，朱慧，等. SQL Server 2005 管理员大全[M]. 北京：电子工业出版社，2008.
[3] （美）蔡勒（Zeiler，M）. 为我们的世界建模——ESRI 地理数据库设计指南[M]. 张晓祥，等，译. 北京：人民邮电出版社，2004.
[4] 傅仲良. ArcObjects 二次开发教程[M]. 北京：测绘出版社，2008.